焊接工艺基础

主　编　杨新华

副主编　管志花

主　审　王艳芳　扈成林

北京理工大学出版社
BEIJING INSTITUTE OF TECHNOLOGY PRESS

内 容 简 介

本书根据焊接加工方法的特点，按照《焊工国家职业标准》与《"1+X"特殊焊接技术职业技能等级证书培训大纲》对初、中、高级技能的基本要求，从最基础的内容入手，对焊接方法的分类及特点、切割方法的分类及特点、焊接电弧、焊接设备、焊接材料、焊接接头与焊缝、焊接位置、焊接符号与标注、焊接变形、焊接质量控制及焊接工艺等内容进行了较为全面的介绍，为后续系统、深入地学习焊接方法和工艺、焊接结构与生产等专业课程奠定基础。

本书根据工作岗位能力要求编写，体现理实一体化特点，具有实用性、通俗性和科学性。本书可作为高等院校、中高职职业院校焊接专业教材，也可供焊接工程人员、焊接培训人员、焊接操作人员及检测人员学习、借鉴与使用。

图书在版编目（CIP）数据

焊接工艺基础 / 杨新华主编. --北京：北京理工大学出版社，2023.6
ISBN 978-7-5763-2454-9

Ⅰ.①焊…　Ⅱ.①杨…　Ⅲ.①焊接工艺-教材
Ⅳ.①TG44

中国国家版本馆 CIP 数据核字（2023）第 105916 号

出版发行 / 北京理工大学出版社有限责任公司

社　　　址 / 北京市海淀区中关村南大街 5 号
邮　　　编 / 100081
电　　　话 / （010）68914775（总编室）
　　　　　　（010）82562903（教材售后服务热线）
　　　　　　（010）68944723（其他图书服务热线）
网　　　址 / http：//www.bitpress.com.cn
经　　　销 / 全国各地新华书店
印　　　刷 / 河北盛世彩捷印刷有限公司
开　　　本 / 787 毫米×1092 毫米　1/16
印　　　张 / 14　　　　　　　　　　　　　　　　责任编辑 / 多海鹏
字　　　数 / 296 千字　　　　　　　　　　　　　文案编辑 / 多海鹏
版　　　次 / 2023 年 6 月第 1 版　2023 年 6 月第 1 次印刷　　责任校对 / 周瑞红
定　　　价 / 72.00 元　　　　　　　　　　　　　责任印制 / 李志强

前　言

经过多年的发展，我国已逐渐成为"世界制造业中心"，作为制造业的主力军——技能人才，尤其是高端技能人才的严重短缺已成为制约我国制造业发展的瓶颈。为贯彻《国家职业教育改革实施方案》精神，根据教育部公布的焊接专业教学标准，同时参考教育部最新颁布的《高等职业学校专业教学标准》与中船舰客教育科技（北京）有限公司《"1+X"特殊焊接技术职业技能等级证书培训大纲》，结合作者多年焊接工作经验，精心提炼焊接技术成果，编写了本书。

为深入贯彻落实党的二十大精神，本书遵循职业教育的特点，遵循实用性、通俗性、针对性的原则，融入了与焊接技术相关的行业、国家及国际标准内容，同时根据目前职业院校学生的认知特点，采用了大量的图片展现各知识点与技能点，对焊接基础知识进行了全面的介绍与总结。相信此书对广大焊接工作人员，尤其是青年焊接工作人员掌握焊接知识、提高焊接技能定会有较大的帮助。

本书项目一~项目五由陕西工业职业技术学院杨新华编写，项目六~项目八由陕西科技大学管志花编写，全书由陕西工业职业技术学院王艳芳教授、大同机车技师学院扈成林高级技师统稿。

本书在编写过程中参考了大量的国内外文献及相关焊接标准，在此向所有文献的作者表示衷心的感谢和崇高的敬意，同时对出版社工作人员的热心支持表示衷心的感谢！

因编者水平有限，加之时间仓促，书中内容难免有不妥之处，恳请广大读者不吝指教，提出宝贵意见和建议，以便修订时完善。

编　者

目 录

项目一　连接与热切割方法

项目分析

　　焊接技术在工业各领域广泛使用，熟悉常用焊接与热切割方法的原理、设备、工艺、特点是学习焊接技术的基础，本项目主要介绍了常用焊接与热切割方法的基础知识，为后续专业课程的学习奠定基础。

学习目标

知识目标

- 掌握焊接原理、本质及特点。
- 熟悉焊条电弧焊、熔化极气体保护焊、钨极氩弧焊等常用焊接方法、设备、材料及工艺。
- 掌握热切割方法的分类、特点及其应用。
- 熟悉火焰切割与等离子切割的原理、设备、材料及工艺。

技能目标

- 具有识别常用金属连接与热切割方法的能力。
- 具有常用焊接方法的基本操作能力。
- 具有初步热切割方法的操作能力。

素质目标

- 培养学生利用现代化手段对信息进行收集、学习、整理的能力。
- 培养学生求真务实、钻研技术、实践创新的精神。
- 培养学生发现问题、分析问题、解决问题的能力。

知识链接

一、连接与热切割技术概述

（一）连接技术

材料连接是通过适当的手段，使两个或两个以上分离的固态物体形成一个整体，

从而能够实现物理量的传导。

1. 连接方法

目前用于连接的材料包括金属材料、无机非金属材料、有机高分子材料和先进复合材料等。其中金属材料常用的连接方法有机械连接（螺栓连接、铆接）、冶金连接（焊接）和化学连接（胶接）。机械连接示意图如图1-1所示。铆接、焊接（Welding）和胶接属于永久性连接，螺栓连接为临时性连接。

图1-1　机械连接示意图
（a）螺栓连接；（b）铆接

2. 焊接概述

焊接是指通过加热或加压，或两者并用，并且用或不用填充材料，使工件达到接合的一种方法。

1）焊接原理：依靠键的作用接合在一起，以金属材料为例，接合力为金属键。

2）焊接本质：原子间的结合。

3）焊接热源：焊接过程使用电、气、机械、激光等。

4）焊接加工特点。

①优点：节省金属材料、减轻结构重量、简化加工工序、缩短制造周期、提高生产率等。

②缺点：由于不均匀的加热，导致产生了焊接应力甚至焊接变形；焊接接头内部组织恶化，容易产生裂纹。另外，焊接过程中产生的弧光辐射、烟尘、飞溅等也会对人体的健康造成一定的危害。

5）焊接方法的分类。

焊接方法的分类很多，按接合面区域相分类有液相和液相的连接（熔化焊）、液相和固体的连接（钎焊）及固相和固体的连接（压力焊、摩擦焊、爆炸焊等），如图1-2所示。

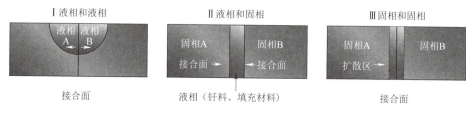

图1-2　按接合面区域相分类示意图

按照焊接过程中金属所处状态和工艺特点的不同，可以把焊接方法分为熔化焊（Fusion Welding）、压力焊（Pressure Welding）和钎焊（Brazing，Soldering）三类。

①熔化焊。

热源将焊件的接合处及填充金属材料（有时不用填充金属材料）熔化，不加压力而互相熔合，冷却凝固后而形成牢固的接头。熔焊过程示意图如图1-3所示。

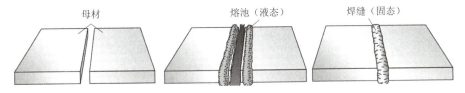

图1-3　熔焊过程示意图

熔焊时，液体熔池从高温冷却到常温，中间要经过两次组织变化过程。第一次是从液态转变成固态的结晶过程，称为一次结晶；第二次是当焊缝金属温度降至相变温度时，发生的组织转变，称为二次结晶。

②压力焊。

在电极的作用下，使两接合面紧密接触后通电加压产生接合作用，从而使两焊件连接在一起。压力焊简称压焊，压焊示意图如图1-4所示。

③钎焊。

钎焊是采用比母材熔点低的金属材料作钎料，将焊件和钎料加热到高于钎料熔点却低于母材熔点的温度，利用液态钎料润湿母材，填充接头间隙并与母材相互扩散实现连接的方法，钎焊示意图如图1-5所示。

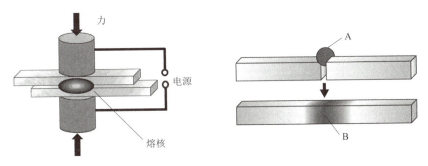

图1-4　压力焊示意图　　　　图1-5　钎焊示意图

钎焊的热源可以是火焰、电阻热、电子束等。根据热源的不同，可分为火焰钎焊、烙铁钎焊、炉中钎焊、感应钎焊、电阻钎焊等。

另外，三种基本的焊接方法还可以根据工艺特点进一步分类，分类方法如图1-6所示。

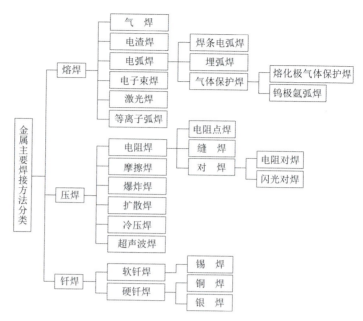

图1-6 焊接方法分类

知识拓展 NEWS

不同焊接方法的能量密度与热输入有很大差异，而能量密度与热输入对熔深、焊接速度、焊接质量等有很大的影响，气焊、电弧焊、高能密度焊的热输入与能量密度对比如图1-7所示。

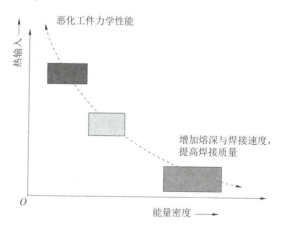

图1-7 气焊、电弧焊、高能密度焊的热输入与能量密度对比示意图

高能密度焊是当今制造技术发展的前沿领域，是利用光量子、电子、等离子体等为能量载体的高能量密度束流对材料和构件进行加工。它是高能束流加工技术中应用最广泛的发展最成熟的技术，功率密度达到 10^5 W/cm² 以上。其束流由单一的电子、光子和离子或两种以上的粒子组成。高能密度焊主要包括激光焊、电子束焊和等离子弧焊等。

（二）热切割技术

1. 定义

热切割（Thermal Cutting）是指利用集中热能使材料熔化或者燃烧并分离的方法。热切割所使用的能源有气体、电弧和激光等。

2. 分类

按所用热能种类，常用的热切割方法分类见表1-1。

表1-1　常用的热切割方法分类

种类	原理	特点及应用
火焰切割（Flame Cutting）	用可燃气体同氧混合燃烧所产生的火焰将金属加热到燃点，金属剧烈燃烧后形成渣，同时利用高压氧将渣吹除而形成切口	由于切割所需要的能量是通过氧气与金属的反应而获得，所以切割消耗的能量较少。适合厚度为3~300 mm碳钢及低合金钢的切割
等离子弧切割（Plasma Arc Cutting）	用等离子弧作为热源，借助高速热离子气体（如氮、氩、氩氮、氩氢等混合气体）熔化金属并将其吹除而形成割缝	由于切割需要的能量是通过设备提供，所以切割所消耗的能量较多，切割厚度受到限制，但几乎可以切割所有的金属
碳弧切割（Carbon Arc Cutting）	利用碳棒或石墨与被切割的金属间所产生的电弧所产生的热能熔化金属而进行的切割	其切割质量较气割差，但切割材料种类比气割广泛，所有金属材料几乎都可用碳弧切割
激光切割（Laser Cutting）	利用激光束使材料气化或熔化，并借助气体的吹除作用而实现材料分离的方法	激光切割的切口细窄、尺寸精确、表面光洁，质量优于任何其他热切割方法。切割材料的种类包括金属、塑料和陶瓷材料等

热切割按物理现象可分为燃烧切割、熔化切割和升华切割三类。燃烧切割是材料在切口处采用加热燃烧，产生的氧化物被切割氧流吹出而形成切口；熔化切割是材料在切口处主要采用加热熔化，熔化产物被高速及高温气体射流吹出而形成切口；升华切割是材料在切口处主要采用加热汽化，汽化产物通过膨胀或被一种气体射流吹出而形成切口。

不同的热切割方法其切割质量、切割后工件的变形情况、切口宽度等有较大差别，切口及不同热切割方法切口宽度对比示意图如图1-8所示。

各种热切割方法切割宽度有较大差别，激光切割切口（金属被切除所留下的空隙）最小，等离子弧切割的切口要大于火焰切割切口（其他条件一定）。

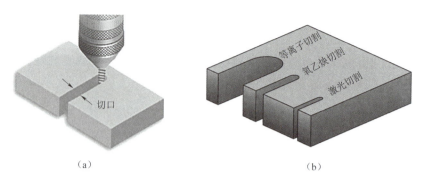

（a）　　　　　　　　　　　　　　　（b）

图1-8　切口及不同热切割方法切口宽度对比示意图

（a）切口；（b）不同热切割方法切口宽度对比

另外，热切割还可按机械化程度分类：手工、半自动化、全机械化和自动化切割。手工、半自动与全自动火焰切割如图1-9所示。

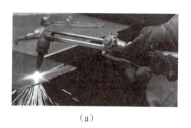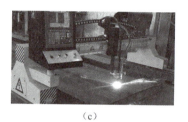

（a）　　　　　　　　　　（b）　　　　　　　　　　（c）

图1-9　火焰切割类型

（a）手工火焰切割；（b）半自动火焰切割；（c）全自动火焰切割

3. 应用与特点

热切割广泛用于工业部门中金属材料下料、零部件加工、废品废料解体以及安装和拆除等。热切割与机械加工相比较的特点如下：

（1）优点

容易进行自由形状的切割。把各种零件在编程软件上转换成NC代码就可以进行各种形状产品的切割；不需要固定切割材料；厚板切割速度快。

（2）缺点

有热变形，切割精度相对机械加工比较差。

 知识拓展 NEWS

水切割（高压水射流切割）是利用加磨料水射流的动能对金属进行切削而达到切割目的的切割方法。其作为一种冷切割方法，具有对切割材质理化性能无影响、无热变形、不产生任何污染和精度高等优点，在工业生产中得到广泛应用。另外水切割能很好地解决一些熔点高及合金、复合材料等特殊材料的切割加工难题。水切割示意图如图1-10所示。

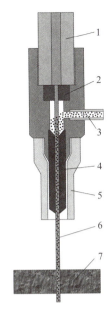

图 1-10　水切割示意图

1—高压水入口；2—高压水喷嘴；3—磨料；4—混合管；5—保护嘴；6—高压水射流；7—工件

二、常用焊接方法

（一）焊条电弧焊

1. 原理

焊条电弧焊原理

焊条电弧焊是一种使用较早的电弧焊方法，它是利用焊条与工件之间产生的电弧将工件与焊条熔化，熔池在焊渣的保护下冷却凝固后形成永久接头的一种焊接方法，其原理如图 1-11 所示。焊条手弧焊英文为 Shielded Metal Arc Welding（缩写为 SMAW）。

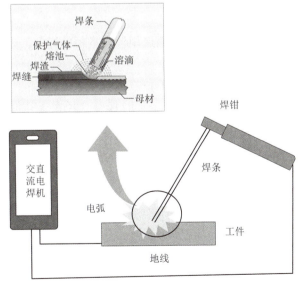

图 1-11　焊条电弧焊原理示意图

1）焊条：涂有药皮的供焊条电弧焊使用的电极，它由药皮和焊芯两部分组成。

2）焊芯：焊条中被药皮包覆的金属芯。

3）药皮：焊条中压涂在焊芯表面上的涂料层。

4）熔渣：包覆在熔融金属表面的玻璃质非金属物。

5）焊渣：焊后覆盖在焊缝表面上的固态熔渣。

6）保护气体：焊接过程中用于保护金属熔滴、熔池及焊缝区的气体，它使高温金属免受外界气体的侵害。

2. 焊接参数

（1）焊条直径

焊条直径是指金属芯的直径，不包括药皮厚度。焊条直径示意图如图 1-12 所示。

图 1-12　焊条直径示意图

焊条直径对焊缝成形的影响：在其他条件一定时，焊条直径越大，熔深越小。焊条直径与熔深的关系如图 1-13 所示。

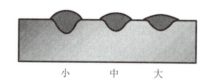

图 1-13　焊条直径与熔深的关系示意图

通常在确保焊接质量的前提下，尽量选用较大直径的焊条，以提高焊接生产率。

焊条直径的选择主要考虑以下因素：

1）焊件厚度：随着板厚增加，焊条直径增加。

2）焊缝位置：板厚相同的条件下，平焊时焊条直径大于其他位置的焊条直径，一般情况下，立焊的焊条直径不大于 4 mm，横仰焊的焊条直径小于 4 mm。

3）焊接层数：打底焊，采用小直径焊条，一般情况下直径不大于 3.2 mm；填充焊，宜选稍大的焊条直径，常用直径为 4 mm、5 mm；盖面焊，宜选小一点焊条直径，常用直径为 4 mm。

4）接头形式：搭接、T 形接头、角接，选直径稍大的焊条。

（2）焊接电流

焊接电流对焊缝成形的影响示意图如图 1-14 所示，焊接电流对焊缝外观尺寸的影响实物图如图 1-15 所示。过高的焊接电流易产生大的熔深、烧穿、咬边、结晶裂纹（熔宽比小）等；过低的焊接电流易产生电弧不稳、未熔合与未焊透等。

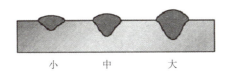

图 1-14　焊接电流与焊缝成形关系示意图

图 1-15　焊接电流太大与太小焊缝成形关系

　　焊接电流太大，焊条易发红，药皮易脱落，且焊接飞溅较大；焊接电流太小，电弧不稳定，易粘条，铁水和熔渣分不清。

　　通常根据以下几方面确定焊条电弧焊焊接电流的大小。

　　碳钢酸性焊条焊接时，电流大小与焊条直径的关系一般可根据经验公式 I_h = (35~55) d 确定（I_h 代表焊接电流，d 代表焊条直径），同时考虑以下因素：

　　1）焊条类型（碱性焊条比酸性焊条电流小）。

　　2）焊接位置（横位、立位和仰位焊接时焊接电流比平位焊接电流小）。

　　3）焊接层数（填充层比盖面层焊接电流大）。

　　4）接头类型（角接、T 形接头比对接接头焊接电流大）。

　　5）母材类型（不锈钢焊接电流比碳钢焊接电流小）。

　　常用碳钢焊条直径与焊接电流关系见表 1-2。

表 1-2　焊条直径与焊接电流关系

焊条型号	板厚/mm	焊条直径/mm	焊接电流/A
E4303	1.5	1.6	25~40
	2	2	40~65
	3	2.5	50~80
	4~4.5	3.2	100~150
	5~8	4	160~210
	10~12	5	200~270
	≥13	5 以上	

　　（3）电弧电压

　　电弧电压是指电弧两端的电压，焊条电弧焊的电弧电压主要由电弧长度来决定。

　　1）电弧电压对焊缝成形的影响如图 1-16 所示。

　　过高的电弧电压结果：产生宽的焊缝；清渣困难；产生凹形角焊缝，易产生裂纹；增加了咬边倾向（角焊缝）。

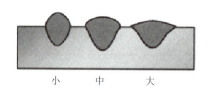

图1-16　电弧电压与焊缝成形关系示意图

过低的电弧电压结果：产生高而窄的焊缝；焊趾部分渣的流动性变差（易产生夹渣）。

2）电弧电压对焊接过程的影响。

焊条电弧焊电弧长短的控制主要决定于焊工的经验。在焊接过程中，电弧不宜过长，否则会造成以下不良现象：电弧不稳，易摆动，保护效果差，产生气孔，力学性能下降；热量损失大，飞溅增加；熔深浅，熔宽大，易咬边，未焊透，焊波粗糙，不均匀；熔滴向熔池过渡困难。但弧长如果过小也会使操作困难。

3）电弧电压的确定方法。

电弧电压由弧长确定，在生产实际中，应力求进行短弧焊接。一般认为短弧弧长为焊条直径的0.5~1倍。立焊时电弧要小于平焊，碱性焊条电弧要小于酸性焊条电弧。

弧长：焊接电弧两端间（指电极端头和熔池表面间）的最短距离。

短弧：当电弧长度不大于焊条直径时称为短弧。

长弧：当电弧长度大于焊条直径时称为长弧。

对于焊条电弧焊，一般情况下可根据下列公式计算焊接电压：

$$U = 20 + 0.04I$$

式中　U——焊接电压（V）；

I——焊接电流（A），当电流大于600 A时，电压保持40 V恒定不变。

（4）焊接速度

焊接速度是指单位时间内完成的焊缝长度。焊接速度直接影响焊接质量及焊接生产率。焊接速度对焊缝成形的影响如图1-17所示。

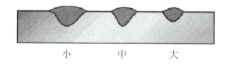

图1-17　焊接速度与焊缝成形关系示意图

如果焊接速度增加，则：

1）热输入减少、熔深减小。

2）焊件熔化不良，易出现未焊透、未熔合、气孔，焊波不连续，熔深、熔宽都减小。

速度太大结果：热影响区小，焊缝窄而浅，焊缝有效厚度小，接头连接强度降低，甚至出现虚接。

速度太小结果：热影响区大，晶粒粗化，力学性能下降，薄板易烧穿，变形大，

生产率下降。

一般在保证焊缝质量及采用较大的焊条直径和焊接电流的基础上，应适当加大焊接速度，以提高生产效率。

（5）电流种类与极性

弧焊电源有交流（AC）和直流（DC）两种类型。交流电源电弧不稳、飞溅大，但磁偏吹小。直流电源又有直流正接和直流反接之分。

直流正接——焊件接电源正极，焊条接电源负极的接线法，也称正极性，英文为 DCEN（Direct Current Electrode Negative），也可简称为 DCSP（Direct Current Straight Polarity）或 DC−。

直流反接——焊件接电源负极，焊条接电源正极的接线法，也称反极性，英文为 DCEP（Direct Current Electrode Positive），也可简称为 DCRP（Direct Current Reversed Polarity）或 DC+。

直流电源正接与反接示意图如图 1−18 所示，直流正接与反接的区别见表 1−3。

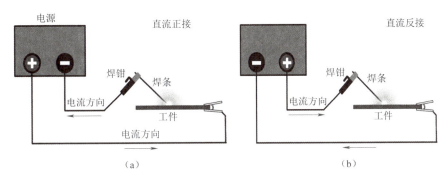

图 1−18　极性示意图

（a）直流正接；（b）直流反接

电源种类与极性（1）　　电源种类与极性（2）　　电源种类与极性（3）

表 1−3　直流正接与直流反接的区别

项　目	直流正接	直流反接
	工件接正极，焊条接负极	工件接负极，焊条接正极
电流方向	从工件到焊条	从焊条到工件
热量	工件热量大，焊条热量小	工件热量小，焊条热量大
电弧力	大	小
电弧稳定性	差	好
熔深	浅	深
熔敷率	略快	略慢
应用	打底焊；薄板	填充焊、盖面焊；中厚板

说明：以上特点以碱性焊条为例介绍。

知识拓展 NEWS

热引弧是指起弧瞬时采用较大的焊接电流，可以避免粘条的发生，同时可以保证足够的热量让熔池金属流动，得到前后一致的焊缝宽度与高度［这个效果以前要靠焊工的操作技巧保证，即引弧点在起焊点的前方，引弧后长弧先拉到待焊部位的上方进行预热焊，然后再进行正常焊接，也就是说引弧点应该在起焊点的前面（对于中厚板）］。目前的焊机有热引弧电流和热引弧时间设置的功能，使用者可以根据需要精确设定，减少了对焊接技能的要求，同时也避免了焊条过快移动产生气孔的倾向，保证了焊接质量。热引弧原理示意图如图1-19所示。

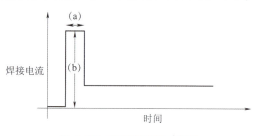

推力电流

图1-19 热引弧原理示意图

（a）引弧时间；（b）引弧电流

（6）电弧推力

实际上电弧推力是控制短路电流与焊接电流的比值，原理如图1-20所示。短路电流与焊接电流的比值大，则引弧容易，电弧穿透力强，但飞溅会有所增加；相反，比值小，电弧较柔和，飞溅较少，但易产生粘焊条现象。从图1-20中可以看出，在电弧变短时，焊接电流变大，一方面能避免粘条，另一方面也增大了熔深，因此电弧推力在断弧焊打底时，具有重要作用（但应注意电弧推力在正常焊接时不起作用，在电弧电压低于20 V时作用才明显）。

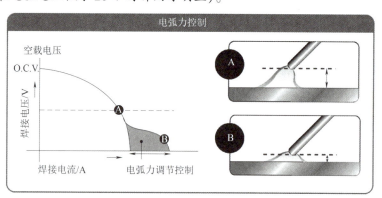

图1-20 电弧推力原理示意图

3. 特点与应用

（1）特点

1）优点：灵活性好，操作方便，对焊前装配要求低，可焊材料广。

2）缺点：生产率低；人为因素影响大。

（2）应用

焊条电弧焊广泛应用于管道、建筑、化工、设备安装与维修等场合。

（二）熔化极气体保护焊

1. 原理

熔化极气体保护焊是利用焊丝与工件之间产生的电弧将工件与焊丝熔化，熔池在气体的保护下冷却凝固后形成永久接头的一种焊接方法，其原理如图 1-21 所示。保护气体可以是 CO_2 气体、Ar 或混合气体（CO_2 与 Ar）。熔化极气体保护焊接，英文为 Gas metal Arc Welding（缩写 GMAW）。采用 Ar 作为保护气体，简称 MIG 焊；采用混合气体作为保护气体，简称 MAG 焊。

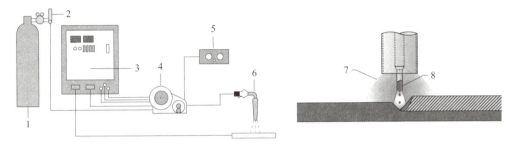

图 1-21　熔化极气体保护焊原理示意图

1—气瓶；2—流量计；3—焊接电源；4—送丝机；5—遥控盒；6—焊枪；7—保护气体；8—焊丝

2. 焊接参数

（1）焊接电流

熔化极气体保护焊的工艺参数中，焊接电流对焊接过程与质量的影响最大。焊接电流增加，熔深增加，余高和焊缝宽度也增加，但焊接电流对熔深的影响最大。当然，电流并不是孤立的，电压的微调匹配也是非常重要的。调节焊接电流就是调节送丝速度，电流越大，送丝速度越快；电流越小，送丝速度越慢。

熔化极气体保护焊焊接电流选用见表 1-4。

表 1-4　熔化极气体保护焊焊接电流选用

焊丝直径/mm	使用电流范围/A	电弧电压/V	焊丝熔化速度/（$g \cdot min^{-1}$）	电弧长度
0.8	50~150	18~21	10~50	短弧
1.0	90~250	19~22	10~80	短弧
1.2	90~150	20~23	20~120	短弧
1.2	160~350	25~35	20~120	长弧
1.6	140~200	24~26	40~160	短弧
1.6	200~500	26~40	40~160	长弧
2.0	200~600	26~40	40~160	长弧
备注：当板厚小于 4 mm 时，焊丝选用细丝；当板厚大于 4 mm 时，焊丝选用粗丝。				

（2）焊接电压

电弧电压是重要的焊接参数之一。通常根据焊接条件选定相应板厚的焊接电流，

并可根据下列公式计算焊接电压：

$$U = 14 + 0.05I$$

注：适用于保护气体为二氧化碳，焊丝直径为 1.0 mm、1.2 mm。

此外，也可以根据下面的有关系（经验公式）大致确定焊接电压：

当焊接电流<300 A 时：焊接电压=（0.04 倍焊接电流+16±1.5）V；

当焊接电流>300 A 时：焊接电压=（0.04 倍焊接电流+20±2）V。

随着电弧电压的增加，熔宽明显增加，熔深和余高略有减小，焊缝成形较好。但是为了保证焊缝成形，必须使电流电压相匹配。电压决定焊缝宽度，电压越大，焊缝越宽；电压越小，焊缝越窄。

电压偏高的结果：弧长变长，飞溅颗粒变大，易产生气孔，焊道变宽，熔深和余高变小。

电压偏低的结果：焊丝插向母材，飞溅增加，焊道变窄，熔深和余高大。

（3）焊接速度

对于半自动熔化极气体保护焊，焊接速度为 0.1~0.6 m/min；全自动熔化极气体保护焊，焊接速度可高达 2.5 m/min 以上。

在其他条件不变的情况下，焊接速度增加，熔深减小。焊接电流、电压、焊接速度三者对焊缝表面成形的影响见表 1-5。

表 1-5　焊接电流、电压、焊接速度三者对焊缝表面成形的影响

电压变化 （其他参数不变）	电压：小—大
电流变化 （其他参数不变）	电流：高—低
速度变化 （其他参数不变）	速度：快—慢

焊接速度过慢时易产生焊瘤，焊接速度过快时易产生焊不透，焊接速度对焊缝成形的影响如图 1-22 所示。

（a）　　　　　　　（b）　　　　　　　（c）

图 1-22　焊接速度对平角焊缝成形的影响示意图

（a）焊接速度太慢；（b）焊接速度正常；（c）焊接速度太快

知识拓展 NEWS!

热输入：熔焊时，由焊接热源输入焊件的能量，对于移动热源，单位为kJ/mm；对于固定热源，单位为kJ/S。

对于移动热源，热输入可用以下公式计算：

$$Q = I \times U / t$$

式中　I——焊接电流（A）；

　　　U——电弧电压（V）；

　　　t——焊接速度（mm/min）。

热输入综合了焊接电流、电弧电压和焊接速度三大焊接参数对焊接热循环的影响。热输入增大时，热影响区的宽度增大，焊接接头力学性能恶化，尤其是冲击韧性降低。

不同的金属材料对焊接热输入控制的目的和要求不一样。如：

1）焊接低合金高强钢时，为防止冷裂纹倾向，应限定焊接热输入的最低值；为保证接头冲击性能，应规定焊接热输入的上限值。

2）焊接低温钢时，为防止因焊缝过热出现粗大的铁素体或粗大的马氏体组织，保证接头的低温冲击性能，焊接热输入应控制为较小值。

3）焊接奥氏体不锈钢时，为防止合金元素烧损，降低焊接应力，减少熔池在敏化温度区的停留时间，避免晶间腐蚀，应采用较小的焊接热输入。

（4）干伸长度

1）定义：焊丝是指从焊枪导电嘴的前端到焊丝尖端的长度。干伸长度示意图如图1-23所示。焊接过程中，保持焊丝干伸长度不变是保证焊接过程稳定性的重要因素之一。

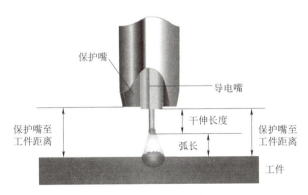

图1-23　干伸长度示意图

干伸长度过长时，气体保护效果不好，易产生气孔，引弧性能差，电弧不稳，飞溅加大，熔深变浅，成形变坏；干伸长度过短时，看不清电弧，喷嘴易被飞溅物堵塞，飞溅大，熔深变深，焊丝易与导电嘴粘连。焊接电流一定时，干伸长度的增加会使焊丝熔化速度增加，但电弧电压下降，电流降低，电弧热量减少。

2）干伸长度确定方法。

①焊接电流小于 300 A 时：干伸长度 =（10~15）倍的焊丝直径。

②焊接电流大于 300 A 时：干伸长度 =（10~15）倍的焊丝直径+5 mm。

（5）焊枪角度

正确的焊枪角度如图 1-24 所示。焊枪角度不正确可能导致保护效果变差，产生气孔。

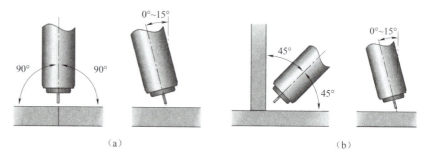

图 1-24　正常的焊枪角度

（a）对接接头；（b）角接接头

（6）焊接方向

焊接方向：焊接热源沿焊缝长度增长的移动方向。操作者左手握焊枪时，由右至左焊接，焊枪喷嘴与焊接方向呈钝角（>90°），称为左向焊法；操作者右手握焊枪时，由左至右焊接，焊枪喷嘴与焊接方向呈锐角（<90°），称为右向焊法。左向焊与右向焊示意图如图 1-25 所示。

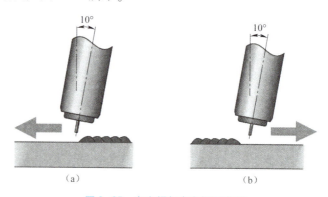

图 1-25　左向焊与右向焊示意图

（a）左向焊；（b）右向焊

左向焊特点：焊缝宽而低（熔深小）；飞溅较大；气体保护效果较好；观察效果好，容易焊成直线；焊缝根部熔透情况一致。

右向焊特点：焊缝窄而高（熔深大）；飞溅较小；气体保护效果较差；观察效果不好，不容易焊成直线；焊缝根部熔透情况不太一致。

左向焊与右向焊对焊缝成形的影响如图 1-26 所示。左向焊与右向焊的特点及应用见表 1-6。

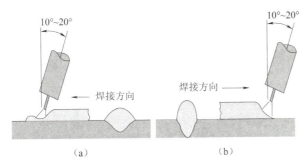

图 1-26　左向焊与右向焊对焊缝成形的影响示意图

（a）左向焊（焊缝宽而浅）；（b）右向焊（焊缝高而深）

表 1-6　左向焊与右向焊的特点及应用

应用	左向焊	右向焊	原因
薄板，平焊	好	差	容易观察坡口，熔深浅
中厚板，平焊	差	好	熔深大
平角焊（1层）	好	差	平的焊缝表面
平角焊（多层）	—	—	右向焊适合打底焊，左向焊适合盖面焊

（7）气体流量

气体流量过小时，会有空气侵入，影响保护效果，甚至可能使焊缝产生气孔；气体流量过大时，可能产生紊流，破坏保护效果，易产生气孔，使焊接飞溅加大，焊缝表面氧化无光泽。

当焊接电流小于等于 200 A 时，气体流量在 10~15 L/min 之间选择；当焊接电流大于 200 A 时，气体流量在 15~25 L/min 之间选择。

气体保护焊对风很敏感，只能在风速小于 2 m/s 的情况下焊接（焊条电弧焊可以在风速小于 10 m/s 的情况下焊接）。

气体保护效果判断：银白最好，发黄也好，发蓝略微氧化，发黑严重氧化。不锈钢焊缝不同的保护效果如图 1-27 所示。

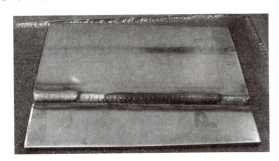

图 1-27　不锈钢焊缝不同的保护效果

（8）极性

反接特点：电弧稳定，焊接过程平稳，熔深大，飞溅小，有去除氧化物的作用。一般情况下熔化极气体保护焊采用反极性接法。

正接特点：熔深较浅，余高较大，飞溅很大，成形不好，焊丝熔化速度快（约为反极性的1.6倍），只在堆焊、补焊铸铁时才采用。

熔化极气体保护焊极性对焊缝成形的影响如图1-28所示。

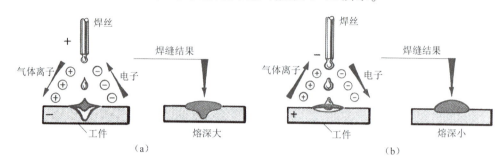

图1-28　极性对焊缝成形的影响

（a）直流反接（DCEP）；（b）直流正接（DCEN）

3. 特点与应用

（1）特点

1）优点：生产效率高；焊接成本低；适用范围广；抗锈能力较强，焊缝含氢量低，抗裂性能好；易于实现机械化和自动化。

2）缺点：抗风能力差；有较大的飞溅。

（2）应用场合

熔化极气体保护焊所采用的保护气体不同，应用场合也不同，保护气体采用二氧化碳，主要用于碳钢、低合金钢的焊接；保护气体采用惰性气体，主要用于中厚件有色金属的焊接；保护气体采用混合气体（如氩气与二氧化碳混合气体），主要用于质量要求较高的低碳钢的焊接。

（三）非熔化极气体保护焊

1. 原理

非熔化极气体保护焊是在氩气等惰性气体环境下，在钨电极和母材间产生电弧，使母材以及添加焊材熔融、焊接的方法。非熔化电极式气体保护电弧焊接，TIG焊接，英文是 Tungsten Inert Gas（缩写 TIG），又称 Gas Tungsten Arc Welding（缩写 GTAW），非熔化极气体保护焊工作原理如图1-29所示。

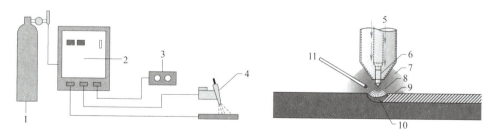

图1-29　非熔化极气体保护焊工作原理示意图

1—气瓶；2—焊接电源；3—遥控盒；4—焊枪；5—保护气体；6—钨极；7—氩气；
8—电弧；9—焊缝；10—熔池；11—焊丝

2．工艺参数

（1）焊接电源的种类和极性

钨极氩弧焊可以采用交流或直流两种焊接电源，其中直流又分为直流反接和直流正接，如图1-30所示，采用哪种电源与所焊金属或合金种类有关。

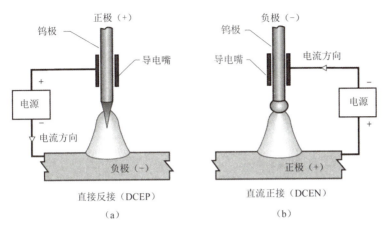

图1-30　极性示意图

（a）直流反接；（b）直流正接

采用直流正接，没有"阴极破碎"作用，仅适用于焊接不锈钢、耐热钢、钛、铜及其合金。钨极氩弧焊电流种类与极性特点见表1-7。

表1-7　钨极氩弧焊电流种类与极性特点

项目	直流		交流（波形对称）
	直流正接	直流反接	
示意图	(−)	(+)	(~)
熔深特点	深、窄	浅、宽	中等
电极热量分布	工件70%，钨极30%	工件30%，钨极70%	工件50%，钨极50%
钨极许用电流	最大	小	较大
阴极清理作用	无	有	有（工件为负时）
适用材料	除铝、镁外金属，碳钢、不锈钢、耐热钢、钛、铜及其合金	一般不采用	铝、镁、铝青铜等

（2）电弧电压

电弧电压主要由弧长决定。电弧长度增加，容易产生未焊透的缺陷，并使保护效果变差；电弧太短，加丝时焊丝易碰到钨极，产生短路，致使钨极烧损同时产生

夹钨，因此应在电弧不短路的情况下，尽量控制电弧长度，一般弧长近似等于钨极直径。

焊接电流与电压有以下关系：

$$U = 10 + 0.04I \text{（保护气体为氩气）}$$

式中　U——焊接电压（V）；

I——焊接电流（A），当电流大于 600 A 时，电压保持 34 V 恒定不变。

（3）电弧长度

电弧长度是指钨极与工件之间的距离。

电弧长度增加：焊道宽度增加，熔深减小，保护效果变差。

电弧长度减小：不宜观察熔池，焊丝与钨极易短路。

电弧长度 L =（1～1.5）倍板厚，最大 ≤6 mm。

（4）焊接速度

1）焊接速度与焊缝成形关系。

焊接速度增加：焊道变窄，熔深变浅；太快时，易产生未熔合与未焊透。

焊接速度减小：焊道变宽，熔深变大；太慢时，易产生烧穿。

2）焊接速度与气体保护效果。

焊接速度过大，保护气流严重偏后，可能使钨极端部、弧柱、熔池暴露在空气中。因此必须采取相应措施，如加大保护气体流量或将焊炬前倾一定角度，以保持良好的保护作用。钨极氩弧焊焊接速度对保护效果的影响如图 1-31 所示。

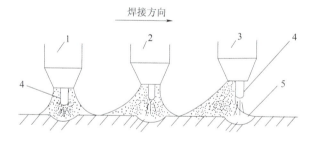

图 1-31　焊接速度对保护效果的影响
1—不动的位置；2—速度正常；3—速度太快；4—钨极；5—熔池

（5）钨极直径

如果钨极直径太大，焊接电流很小，钨极端部温度不够，电弧会在钨极端头不规则燃烧，造成电弧不稳、焊缝成形差，且不利于操作。如果直径太小，焊接电流偏大，超过了钨极直径的许用电流，钨极易被烧损，使焊缝产生夹钨等不良效果。钨极直径与电流关系见表 1-8。

表 1-8　钨极直径与电流

钨极直径/mm	直流/A				交流/A	
	正接		反接			
	纯钨	钍钨、铈钨	纯钨	钍钨、铈钨	纯钨	钍钨、铈钨
0.5	5～20	5～20	—	—	5～15	5～15

续表

钨极直径/mm	直流/A				交流/A	
	正接		反接			
	纯钨	钍钨、铈钨	纯钨	钍钨、铈钨	纯钨	钍钨、铈钨
1.0	10~75	10~75	—	—	15~55	5~70
1.6	40~130	60~150	10~20	10~20	45~90	60~125
2.0	75~180	100~200	15~25	15~25	65~125	85~160
2.4	—	150~250	—	—	70~130	100~180
3.2	160~300	225~330	20~35	20~35	150~190	150~250
4.0	275~450	350~480	35~50	35~50	180~260	240~350
4.8	—	500~675	—	50~70	190~300	290~380

钨极直径除与焊接电流有关外，还与焊接位置、坡口形式和焊接电源种类有关。

（6）钨极伸出长度

钨极伸出长度短，观察效果差；钨极伸出长度长，保护效果差，钨极寿命短。对接焊缝，钨极伸出长度为 5~6 mm；角接焊缝，钨极伸出长度为 7~8 mm。喷嘴与焊件间的距离以 8~14 mm 为宜。

（7）喷嘴孔径

钨极氩弧焊根据需要有不同种类的喷嘴，常用的喷嘴类型如图 1-32 所示。通常根据焊接电流的大小确定钨极直径，再根据钨极直径确定喷嘴孔径。增大喷嘴直径的同时，应增大气体流量，此时保护区大，保护效果好。但喷嘴过大时，不仅会使氩气的消耗量增加，而且可能使焊炬伸不进去，或妨碍焊工视线，不便于观察操作，故一般钨极氩弧焊喷嘴直径以 5~14 mm 为佳。喷嘴大小和气体保护效果如图 1-33 所示。

另外，喷嘴直径也可按经验公式选择：

$$D = (2.5 \sim 3.5)d$$

式中　D——喷嘴直径（一般指内径），mm；

　　　d——钨极直径，mm。

图 1-32　不同类型的喷嘴

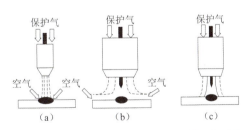

图 1-33　喷嘴大小和气体流量对保护效果的影响

（a）喷嘴过小，流速过大，保护区域小；

（b）喷嘴过大，流速偏小，气体挺度差；

（c）喷嘴大小与流速匹配，保护效果好

（8）氩气流量

为了可靠地保护焊接区不受空气的污染，必须有足够流量的保护气体。对于一定直径的喷嘴，通常有一个合适的氩气流量范围。氩气流量太小时，气体刚性不好，抗风能力差；流量太大时，保护气体呈紊流喷出，会将空气卷入焊接区，易产生气孔；流量合适时，保护气体呈层流喷出，保护气体不仅刚性好，而且保护范围大，焊接质量好。层流和紊流的示意图如图1-34所示，喷嘴孔径与氩气流量的选用范围见表1-9。

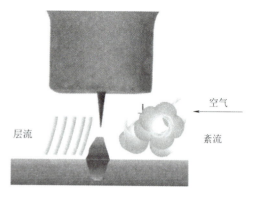

图1-34　层流和紊流示意图

一般气体流量可按下列经验公式确定：

$$Q = (0.8 \sim 1.2)D$$

式中　Q——氩气流量，L／mm；

　　　　D——喷嘴直径，mm。

表1-9　喷嘴孔径与氩气流量的选用范围

电流范围/A	直流正接		交流	
	喷嘴孔径/mm	氩气流量/（L·min^{-1}）	喷嘴孔径/mm	氩气流量/（L·min^{-1}）
10~100	4~9.5	4~5	8~9.5	6~8
101~150	4~9.5	4~7	9.5~911	7~10
151~200	4~13	6~8	11~13	7~10
201~300	8~13	8~9	13~16	8~15
301~500	13~16	9~12	16~19	8~15

焊接不同的金属，对氩气的纯度要求不同。例如焊接耐热钢、不锈钢、铜及铜合金，氩气纯度应大于99.70%；焊接铝、镁及其合金，要求氩气纯度大于99.90%；焊接钛及其合金，要求氩气纯度大于99.98%。国产工业用氩气的纯度可达99.99%，故实际生产中一般不必考虑提纯。

3. 特点与应用

（1）特点

1）优点：焊接过程稳定，焊接质量好；适于薄板、全位置焊接以及不加衬垫的单面焊双面成形工艺；焊接过程易于实现自动化；焊缝区无熔渣，焊工可清楚地看到熔池和焊缝成形的过程。

2）缺点：抗风能力差；无冶金脱氧和去氢作用，为了避免气孔、裂纹等缺陷，焊前必须严格去除油污、铁锈等；由于钨极的载流能力有限，致使钨极氩弧焊的熔透能力较低，焊接速度低，焊接生产率低。

（2）应用

非熔化极气体保护焊主要应用于不锈钢、有色金属的焊接。在航空航天领域，

经常焊接一些极易氧化的钛及钛合金、铝及铝合金等，需在保护效果更好的真空中焊接。

（四）药芯焊丝电弧焊

1. 原理

药芯焊丝电弧焊（Flux cored Arc Welding，FCAW）工作原理与普通熔化极气体保护焊一样，是以可熔化的药芯焊丝作为一个电极，母材作为另一极。同时根据保护方式的不同，可分为自保护（简称 FCAW-S）和气保护（简称 FCAW-G）两种类型，FCAW-G 焊接工艺经常采用 100% 的纯 CO_2 或者 75%～80% 的 Ar 和 20%～25% 的 CO_2 混合气体作为保护气。其与普通熔化极气体保护焊的主要区别在于焊丝内部装有焊剂混合物。焊接时，在电弧热的作用下，熔化状态的焊剂材料、焊丝金属、母材金属和保护气体相互之间发生冶金作用，同时形成一层较薄的液态熔渣包覆熔滴并覆盖熔池，对熔化金属形成了又一层的保护。其实质上是一种气渣联合保护的方法。药芯焊丝气体保护焊原理示意图如图 1-35 所示。

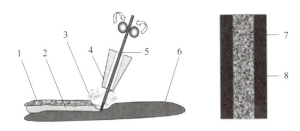

图 1-35　药芯焊丝气体保护焊原理示意图

1—渣；2—焊缝；3—保护气体；4—保护嘴；5—焊丝；6—母材；7—焊芯；8—钢带

2. 特点与应用

（1）特点

1）优点：与熔化极气体保护焊相比，可在有风的环境中焊接，扩大了施焊环境；采用气渣联合保护，焊缝成形美观，电弧稳定性好，飞溅少且颗粒细小；焊丝熔敷速度快，熔敷效率（为 85%～90%）和生产率都较高（生产率比手工焊高 3～5 倍）；焊接各种钢材的适应性强，通过调整焊剂的成分与比例可提供所要求的焊缝金属化学成分。

2）缺点：焊丝制造过程复杂。送丝较实心焊丝困难，需要采用降低送丝压力的送丝机构等。焊丝外表容易锈蚀，粉剂易吸潮，因此，需要对焊丝的保存严加管理。

（2）应用

该方法广泛应用于重型制造、建筑、造船、海上设施等行业中低碳钢、低合金钢和其他各种合金材料的焊接。

知识拓展 NEWS

药芯焊丝的制造。

药芯焊丝制造过程如图 1-36 所示。药芯焊丝均由一扁平金属薄片长条逐段经过滚卷成U形断面，粒状焊剂填充于U形金属槽中后再经密封滚卷步骤，将焊剂紧紧地滚压在管形焊丝内，卷成管形的焊丝再经过一连串抽拉动作成为需要的丝径。

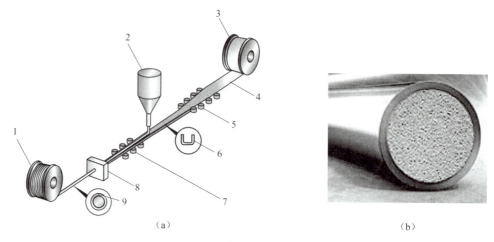

（a）　　　　　　　　　　　　　　　　　（b）

图1-36　药芯焊丝制造过程示意图

（a）制造流程；（b）药芯焊丝截面

1—绕线盘；2—焊剂漏斗；3—带钢卷；4—金属薄片；5—成形辊；

6—经过滚压的U形金属；7—压辊；8—拉模；9—带焊剂芯的管状焊丝

（五）埋弧焊

1. 原理

当焊丝和焊件之间引燃电弧，电弧热使焊件、焊丝和焊剂融化以致部分蒸发，金属和焊剂的蒸发气体形成了一个气泡，电弧在气泡内燃烧，气泡的上部被一层烧化了的焊剂—熔渣所构成的外膜所包围，对焊接区起到保护和保温作用，同时也屏蔽了弧光（埋弧焊因此得名）。埋弧焊设备及原理如图1-37所示。

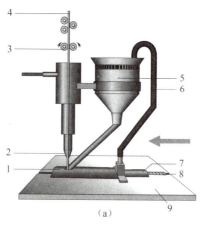
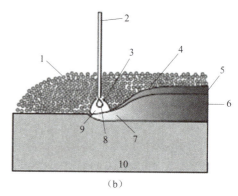

（a）　　　　　　　　　　　　　　　　　（b）

图1-37　埋弧焊设备及原理示意图

（a）埋弧焊设备；　　　　　　　　　　　（b）原理

1—焊剂；2—导电嘴；3—送丝轮；4—焊丝；　　　1—焊割；2—焊丝；3—空腔；4—液态熔渣；

5—焊剂漏斗；6—焊剂回收装置；7—熔渣；　　　5—固态熔渣；6—焊缝金属；7—熔池；

8—焊缝；9—工件　　　　　　　　　　　　　8—液态熔滴；9—电弧；10—母材金属

2. 特点与应用

（1）特点

1）优点：生产效率高；焊缝质量高；对焊工技术水平要求不高；劳动强度小，工作环境好。

2）缺点：只能水平面焊接；难以焊接铝、钛等氧化性强的金属及其合金（受焊剂成分的限制）；只适合长焊缝的焊接；不适合于薄板的焊接。

（2）应用

埋弧焊在造船、锅炉、化工容器、桥梁、起重机械、冶金机械制造业、海洋结构、核电设备中应用最为广泛。此外，用埋弧焊堆焊耐磨耐蚀合金或用于焊接镍基合金，铜合金也是较理想的。

（六）气焊

1. 原理

气焊是利用可燃气体与助燃气体混合，使它们发生剧烈的氧化燃烧，利用燃烧产生的热量熔化工件接头部位的金属和填充焊丝，冷却后工件接头牢固连接在一起的熔化焊接方法。气焊原理如图1-38所示。

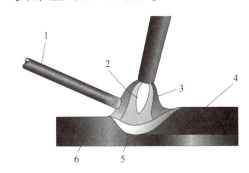

图1-38 气焊原理示意图

1—焊丝；2—内焰；3—外焰；4—焊缝金属；5—熔池；6—母材

2. 特点与应用

（1）特点

1）优点：设备简单，移动方便，使用灵活，通用性强（还可用于钎焊与热喷涂）。

2）缺点：气焊火焰温度较电弧低，热量分散，加热缓慢，生产率低；焊接变形大。

（2）应用

气焊主要应用于薄钢板、低熔点材料（有色金属及其合金）、铸铁件和硬质合金刀具等材料的焊接，以及磨损、报废车件的补焊、构件变形的火焰矫正等。

知识拓展

氧乙炔火焰对比见表 1-10。

表 1-10　氧乙炔火焰比较

	因素	中性焰	碳化焰	氧化焰
1	气体比例	氧气乙炔混合比为 1.1～1.2	氧气与乙炔的混合比小于 1.1	氧气和乙炔的混合比大于 1.2
2	火焰长度	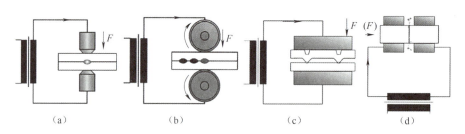	2 900 ℃　1 300 ℃ 2 000 ℃	3 300 ℃(短的白色内焰)
3	火焰颜色	内焰为白色，外焰为蓝色	内焰为白色，外焰为红色，焰心为白色	内焰为非常亮的白色，外焰为蓝色
4	火焰声音	嘶嘶声	无声音	咆哮声
5	温度范围	内焰 3 150 ℃，外焰 1 270 ℃	焰芯 2 900 ℃，内焰 2 000 ℃，外焰 1 300 ℃	内焰 3 300 ℃
6	内焰长度	最长	中等	最短
7	应用	低碳钢、中碳钢、铝合金	高碳钢、铸铁、铅	铜合金、锌合金、黄铜、青铜、高锰钢、硬质合金

（七）电阻焊

1. 原理

电阻焊是工件组合后通过电极施加压力，利用电流流过接头的接触面及邻近区域产生的电阻热进行焊接的方法。电阻焊原理如图 1-39 所示，按接头形式分，有点焊、缝焊、凸焊、闪光对焊和压力对焊。

（a）　　　　（b）　　　　（c）　　　　（d）

图 1-39　电阻焊原理示意图

（a）点焊；（b）缝焊；（c）凸焊；（d）对焊

2. 特点与应用

（1）特点

1）优点：无须保护，焊缝质量好；焊接变形小；操作简单，劳动条件好；生

产率高。

2）缺点：无可靠的无损检测方法；点焊和缝焊需用搭接接头，增加了构件的重量，其接头的抗拉强度和疲劳强度均较低；设备投资大，成本高。

（2）应用

电阻焊主要用于电子、汽车、家用电器、航空航天等工业领域薄件的焊接。

（八）摩擦焊

1. 原理

摩擦焊是在压力作用下，通过待焊界面的摩擦使界面及其附近温度升高，材料的变形抗力降低、塑性提高，界面的氧化膜破碎，伴随着材料产生塑性变形与流动，通过界面上的扩散及再结晶而实现连接的固态焊接方法。摩擦焊原理示意图如图 1-40 所示。

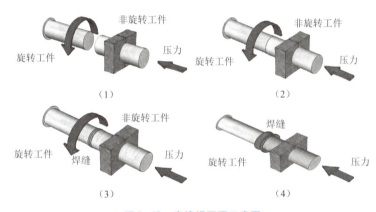

图 1-40　摩擦焊原理示意图

2. 特点与应用

（1）特点

1）优点：接头质量高；适合于异种材料的连接，对于通常难以焊接的金属材料组合，如铝—钢、铝—铜、钛—铜等都可进行焊接；生产效率高、质量稳定。

2）缺点：对非圆形截面焊接较困难，设备复杂；对盘状薄零件和薄壁管件，由于不易夹持固定，故施焊也很困难；焊机的一次性投资较大，大批量生产时才能降低生产成本。

（2）应用

摩擦焊以优质、高效、无污染的特色，在航空、航天、汽车等行业得到了应用，特别适合于截面对称、异种金属的焊接。

（九）激光焊

1. 原理

激光焊接是利用高能量密度的激光束作为热源的一种高效精密焊接方法。20 世纪 70 年代主要用于焊接薄壁材料和低速焊接，焊接过程属热传导型，即激光辐射加热工件表面，表面热量通过热传导向内部扩散使工件熔化，形成特定的熔池。激光焊原理示意图如图 1-41 所示。近年来还发展了深熔焊接，主要用于厚度较大工件的焊接。

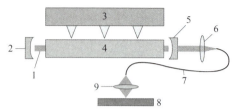

图 1-41　激光焊原理示意图

1—激光束；2—完全反射透镜；3—光源；4—VAG 晶体；
5—部分反射透镜；6—镜头；7—光导纤维；8—工件；9—镜头

2. 特点及应用

（1）特点

激光束能量密度大，加热过程极短，焊点小，热影响区窄，焊接变形小，焊件尺寸精度高；可以焊接常规焊接方法难以焊接的材料，如焊接钨、钼、钽、锆等难熔金属；可以在空气中焊接有色金属，而无须外加保护气体；激光焊设备较复杂，成本高。

（2）应用

激光焊特别适用于焊接微型、密集排列、精密、受热敏感的工件，在电池、IT、电子器件、传感性、首饰、眼镜等行业有广泛的应用。

（十）等离子弧焊

1. 原理

等离子弧焊（PAW）是利用钨极与工件之间的压缩电弧（转移弧）或钨极与喷嘴之间的压缩电弧（非转移弧）或联合型压缩电弧进行焊接的一种方法。其利用从焊枪中喷出的等离子气进行保护，并在其外围补充一辅助保护气体。等离子弧焊原理示意图如图 1-42 所示。

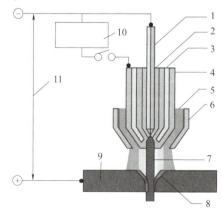

图 1-42　等离子弧焊原理示意图

1—钨极；2—维弧气体；3—冷却水；4—冷却水导电嘴；5—保护气体；
6—钨极帽；7—等离子弧；8—熔池；9—母材；10—维弧电源；11—主弧电源

2. 特点

（1）优点

等离子弧能量密度大，弧柱温度高，穿透能力强，10～12 mm 厚度钢材可不开坡口，能一次焊透双面成形，焊接速度快，生产率高，应力变形小。

（2）缺点

设备比较复杂，气体耗量大，只宜于室内焊接。

（十一）电子束焊

1. 原理

电子束焊是利用加速和聚焦的电子束轰击置于真空或非真空中的焊件所产生的热能进行焊接的方法。电子束焊原理如图 1-43 所示。

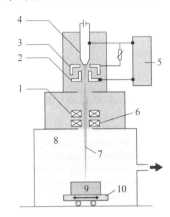

图 1-43　电子束焊原理示意图

1—聚焦线圈；2—阳极；3—栅极；4—阴极；5—高压电源；
6—偏转线圈；7—电子束；8—真空室；9—母材；10—行走小车

2. 特点

（1）优点

1）加热功率密度大，焊接变形小。

由于电子束功率密度大、加热集中、热效率高、形成相同焊缝接头需要的热输入量小，所以适宜于难熔金属及热敏感性强的金属材料的焊接，焊后变形小。

2）焊缝熔深熔宽比（即深宽比）大

普通电弧焊的熔深熔宽比很难超过 2，而电子束焊接的比值可高达 20 以上，所以电子束焊可以利用大功率电子束对大厚度钢板进行不开坡口的单面焊，从而大大提高了厚板焊接的技术经济指标。目前电子束单面焊接的最大钢板厚度超过了 100 mm，而对铝合金的电子束焊，最大厚度已超过 300 mm。

3）熔池周围气氛纯度高

由于电子束焊不存在焊缝金属的氧化污染问题，所以特别适宜焊接化学活泼性强、纯度高和在熔化温度下极易被大气污染（发生氧化）的金属，如铝、钛、锆、钼、高强度钢、高合金钢以及不锈钢等。

4）焊接可达性好

电子束在真空中可以传到较远的位置上进行焊接，只要束流可达，就可以进行

焊接，因而能够进行一般焊接方法的焊炬、电极等难以接近部位的焊接。

（2）缺点

1）设备比较复杂、费用比较昂贵。

2）焊接前对接头加工、装配要求严格。

3）被焊工件尺寸和形状常常受到工作室的限制。

4）电子束易受杂散电磁场的干扰，影响焊接质量。

5）电子束焊接时产生的 X 射线需要严加防护，以保证操作人员的健康和安全。

3. 应用

电子束焊接技术在航空航天、电子、汽车、核工业等多个领域均有应用，主要用于难熔金属、化学性质活泼金属以及不同性质材料的焊接。

（十二）焊接机器人自动焊

1. 原理

焊接机器人的基本工作原理是示教再现，即由用户导引机器人，一步步按实际任务操作一遍，机器人在导引过程中自动记忆示教每个动作的位置、姿态、运动参数、焊接参数等，并自动生成一个连续执行全部操作的程序。

2. 分类及组成

焊接机器人按所采用的焊接工艺方法分类：按照机器人作业中所采用的焊接方法，可将焊接机器人分为点焊机器人、弧焊机器人、搅拌摩擦焊机器人、激光焊接机器人等。以下简要介绍最常用的弧焊机器人与点焊机器人。

（1）弧焊机器人

弧焊机器人的系统组成如图 1-44 所示，根据熔化极焊接与熔化极焊接的区别，其送丝机构在安装位置和结构设计上也有不同的要求。

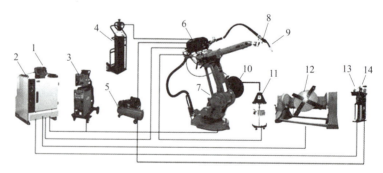

图 1-44　弧焊机器人组成示意图

1—示教器；2—控制柜；3—焊接电源；4—气瓶；5—空气压缩机；6—送丝机；7—本体；
8—防撞感应器；9—焊枪；10—送丝盘；11—焊丝；12—变位机；13—清枪剪丝装置

（2）点焊机器人

点焊机器人系统与弧焊机器人组成类似，具有有效载荷大、工作空间大的特点，配备有专用的点焊枪，并能实现灵活准确的运动，以适应点焊作业的要求，其最典型的应用是用于汽车车身的自动装配生产线。

（十三）钎焊

1. 原理

钎焊是利用熔点比母材低的金属作为钎料，加热后，钎料熔化，焊件不熔化，利用液态钎料润湿母材，填充接头间隙并与母材相互扩散，将焊件牢固地连接在一起。钎焊原理如图1-45所示。

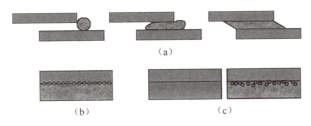

图1-45 钎焊原理示意图
（a）钎料的填缝过程；（b）钎料成分向母材中扩散；（c）母材向钎料中的溶解

2. 分类

根据钎料熔点的不同，将钎焊分为软钎焊和硬钎焊。软钎焊与硬钎焊区别见表1-11。

表1-11 软钎焊与硬钎焊的区别

软钎焊	硬钎焊
填充材料熔点小于450 ℃	填充材料熔点大于450 ℃
焊接接头强度低	焊接接头强度高
接头易受温度和压力的影响	接头不易受温度和压力的影响
设备费用低	设备费用高

（1）软钎焊：软钎焊的钎料熔点低于450 ℃，接头强度较低（小于70 MPa）。

（2）硬钎焊：硬钎焊的钎料熔点高于450 ℃，接头强度较高（大于200 MPa）。根据热源区分，钎焊还有红外、电子束、激光、等离子、感应钎焊等。

3. 特点

（1）优点

1）钎焊的温度低于母材，对母材的组织性能影响小。

2）应力与变形小，适合于高精度、复杂零部件或结构的连接。

3）广泛的适用性，可焊金属、非金属及异种金属。

（2）缺点

1）接头强度较低，耐热性差。

2）多用搭接接头，浪费金属，增加结构重量，易产生应力集中。

3）焊前准备要求高，特别是表面质量及装配接头间隙。

4. 应用

钎焊变形小，接头光滑美观，适合于焊接精密、复杂和由不同材料组成的构件，如蜂窝结构板、透平叶片、硬质合金刀具和印刷电路板等。

三、常用热切割方法

（一）气体火焰切割

1. 原理

气体火焰气割是利用可燃气体与氧气混合燃烧的火焰将工件切割处预热到一定温度后喷出高速切割氧气流，使金属剧烈氧化并放出热量，利用切割氧流把熔化状态的金属氧化物吹掉，而实现切割的方法。金属的切割过程实质是铁质在纯氧中燃烧的进程，而不是熔化过程。火焰切割过程：预热→氧化反应→去渣。气体火焰切割原理如图 1-46 所示。

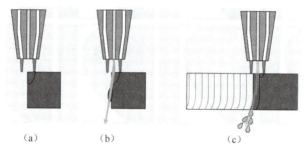

（a）　　　　　（b）　　　　　　（c）

图 1-46　气体火焰切割原理示意图

（a）预热；（b）氧化；（c）去渣

2. 条件

1）金属在氧气中的燃点应低于熔点。

2）金属气割时形成的氧化物的熔点应低于金属本身的熔点。

3）金属在切割氧流中的燃烧应是放热反应（大量的热）。

4）金属的导热性不能太高。

5）金属中阻碍气割过程和提高钢的可淬性的杂质要小，如 C、Cr、Si 要少，W、Mo 也要少。

火焰切割主要用于碳钢与低合金钢的切割，不锈钢、铝及其合金、铸铁等不能用气体火焰方法进行切割。

3. 设备

气割设备由气瓶（氧气瓶、乙炔瓶）、减压器（氧气减压器与乙炔减压器）、胶管（氧气胶管、乙炔胶管）和焊/割炬四部分组成。气割设备组成如图 1-47 所示。

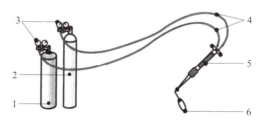

图 1-47　气割设备组成

1—乙炔瓶；2—氧气瓶；3—减压器；4—胶管；5—割枪；6—火焰

（1）气瓶

1）氧气瓶。

瓶体表面为天蓝色，并用黑漆标明"氧气"字样，瓶体收口处（上部）有钢印，反映氧气瓶的有关说明（容积、重量、出厂日期、制造厂压力、检验日期等），氧气瓶一般使用三年后要进行复验。氧气瓶最常见的容积为 40 L，当压力为 15 MPa 时，储存量为 6 000 L，即 6 m³。氧气瓶实物图与组成如图 1-48（a）所示。

使用氧气时，将手轮逆时针方向旋转，即开启氧气阀门，开启时要缓慢打开。

2）乙炔瓶。

乙炔气瓶是储存和运输乙炔气的压力器皿，比氧气瓶粗而短，是焊接气瓶，瓶体为白色并用红色印有"乙炔气瓶""不可近火"等字样。为使乙炔气瓶平稳直立放置，在瓶底部装有底座，在瓶口处标明容量、重量及制造年月，通常容量为 40 L，可溶解 6~7 kg 的乙炔。乙炔瓶实物图与组成示意图如图 1-48（b）所示。

乙炔气瓶三年要进行一次技术检验。

瓶阀由方形套筒板逆时针方向打开，反之关闭。

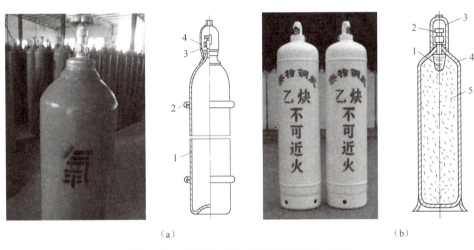

（a）　　　　　　　　　　　　　　（b）

图 1-48　氧气瓶与乙炔瓶实物图与组成示意图

（a）氧气瓶实物图与组成示意图

1—瓶体；2—防震圈；3—瓶阀；4—瓶帽

（b）乙炔瓶实物图与组成示意图

1—石棉绳；2—瓶阀；3—瓶帽；4—瓶壳；5—多孔填充物

（2）减压器

减压器是将高压气体降为低压气体的调节装置，其作用是减压、调压、量压和稳压。

拧紧调节螺钉时，通过调节弹簧、薄膜和压力顶针将扁螺栓缓慢顶起，使阀门打开。

（3）割炬

割炬的作用是将可燃气体（乙炔）与助燃气体（氧气）以一定的方式和比例混合，并以一定的速度喷出燃烧，形成具有一定热能和形状的预热火焰，并在预热火

焰的中心喷射高压切割氧进行气割。割炬可分为射吸式和等压式两大类，最常用的割炬为射吸式。割炬组成示意图如图1-49所示。

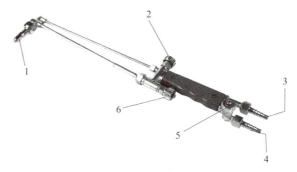

图1-49　减压器与割炬组成示意图

1—割嘴；2—高压氧调节手轮；3—氧气接口；4—乙炔接口；5—乙炔调节手轮；6—氧气调节手轮

（4）胶管

按其所输送的气体不同分为氧气胶管和乙炔胶管。

氧气胶管：工作压力为1.5 MPa，试验压力为3.0 MPa，颜色为黑色，内径为8 mm，一般长度应大于5 m。

乙炔胶管：工作压力为0.5 MPa，试验压力为30 MPa，颜色为红色，内径为10 mm，一般长度应大于5 m。

4. 气体

（1）氧气

1）物理性质：常压、常温是气态；分子式为O_2，无色、无味，比空气略重；-183 ℃时为淡蓝色液体，-218 ℃时为淡蓝色固态。

2）化学性质：本身不能燃烧只能助燃，化学性质活泼，几乎能与一切物质发生反应（氧化反应）；与油脂接触易产生燃烧，使用时禁止在气瓶瓶阀、氧气减压器、焊炬等沾上油脂。

（2）乙炔

1）物理性质：乙炔是一种无色而有特殊臭味的碳氢化合物气体，分子式为C_2H_2，比重比空气轻。

2）化学性质：燃烧值高（与氧气混合时火焰温度可达到3 000 ℃~3 300 ℃，足以满足切割和焊接要求）；爆炸性危险气体，0.15 MPa时温度达到580 ℃~600 ℃即可自行爆炸，压力越高，爆炸的温度越低，与空气混合时一遇到火星立即爆炸，乙炔与空气体积比达2.2%~81%，或乙炔与纯氧体积比达2.8%~93%时，遇火发生爆炸。

5. 应用

气体火焰切割广泛应用于碳钢及低合金钢的切割。

（二）等离子弧切割

1. 原理

等离子切割是利用高温等离子电弧的热量使工件切口处的金属局部熔化（和蒸

发），借高速等离子的动量排除熔融金属，并随着割嘴的移动以形成切口割缝的一种加工方法。等离子弧示意图如图1-50所示。

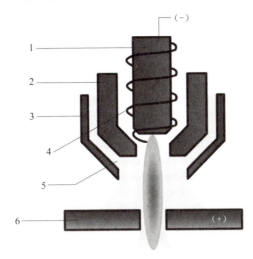

图1-50 等离子弧示意图

1—电极；2—导电嘴；3—保护套；4—切割气体；5—辅助气体；6—工件

等离子电弧的高温高速焰流使工件割缝处金属局部融化或蒸发，是属于物理切割过程，与气割的化学反应（燃烧）有本质区别。

等离子弧产生的原理如下：

（1）热收缩效应

在电弧外围通入经循环水冷却的"冷却气体"，使电弧外围强烈的冷却，促使弧柱导电截面积大大减小，电流密度大大增加。

（2）磁收缩效应

等离子体中心部分的电流达到相当的数值时，弧柱电流的固有磁场起显著作用，使弧柱导电截面进一步缩小，又提高了等离子体的温度。

（3）机械收缩效应

水冷喷嘴孔道限制强烈压缩弧柱直径，提高弧柱的能量密度和温度。

等离子弧和自由电弧相比，显著的不同是弧柱细，电流密度大，气体电离充分，因而具有以下特点。

（1）温度高，能量集中

等离子弧的温度可达 10 000～50 000 K，这样高的温度用其他方法是难以达到的。

（2）稳定性好

等离子弧在弧柱较长时仍能保持稳定燃烧，没有自由电弧易于飘动的缺点。

2. 类型

等离子弧按电源的供电方式分为非转移型、转移型及联合型三种形式，其中非转移型弧及转移型弧是基本的等离子弧形式。转移型与非转移型弧示意图如图1-51所示。

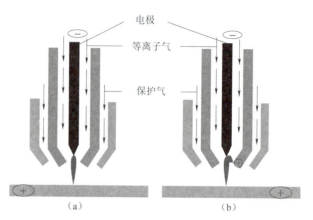

图 1-51　转移型与非转移型离子弧示意图

（a）转移型弧；（b）非转移型弧

非转移型等离子弧：电弧建立在电极与喷嘴之间，离子气强迫等离子弧从喷嘴孔径喷出，也称等离子焰，非转移型弧主要用于非金属材料的焊接与切割。

转移型等离子弧：电弧建立在电极与工件之间，一般要先引燃非转移弧，然后再将电弧转移至电极与工件之间。此时工件成为另一个电极，所以转移弧能把较多的能量传递给工件，金属材料的焊接及切割一般都采用转移型弧。

联合型弧：联合型弧是非转移弧和转移弧同时存在的等离子弧。联合弧需用两个独立电源供电，主要用于电流小于 30 A 以下的微束等离子弧焊接。

双弧现象：正常的转移弧应建立在电极与工件之间，但对于某一个喷嘴，如离子气过小，电流过大或者喷嘴与工件接触，喷嘴内壁表面的冷气膜便容易被击穿而形成串联双弧，此时一个电弧产生在电极与喷嘴之间，另一个电弧产生在喷嘴与工件之间。出现双弧将会破坏正常的焊接与切割，严重时还会烧毁喷嘴。

3. 设备

等离子切割机主要机构：电源、割炬、控制箱、水路及气路系统。其组成如图 1-52 所示。

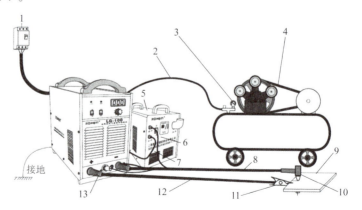

图 1-52　等离子切割设备组成示意图

1—三相 380 V 电源；2—气管；3—气体表；4—空气压缩机；5—水冷循环系统；6—进水管；

7—出水管；8—电线（−）；9—工件；10—切割枪；11—接地夹；12—电缆（＋）；13—切割枪开关插头

（1）电源

等离子切割采用具有陡降或恒流外特性的直流电源。为获得满意的引弧及稳弧效果，电源空载电压一般为电弧电压的两倍。常用切割电源空载电压为 350~400 V。

（2）控制箱

控制箱主要包括程序控制接触器、高频振荡器、电磁气阀和水压开关等，用于对切割过程进行调控。

（3）气路系统

空气等离子弧切割的供气装置的主要设备是一台大于 1.5 kW 的空气压缩机，切割时所需气体压力为 0.3~0.6 MPa。如选用其他气体，则可采用瓶装气体经减压后供切割时使用。

（4）水路系统

等离子弧切割的割炬在 10 000 ℃以上高温工作，为保证正常切割必须使用水强制冷却，以防止喷嘴被烧坏。一般使用水冷循环系统。

（5）割炬

产生离子弧的装置也是直接进行切割的工具，由喷嘴、下枪体、上枪体等三部分组成。其中喷嘴是割炬的核心部分，其结构形状与几何尺寸对等离子弧的压缩和稳定起重要作用。

4. 特点

（1）优点

切割质量得到改善（无挂渣、变形小、热影响区小）；切割材料范围广（有色金属、碳钢等，而火焰只能切割碳钢）；生产率高（无挂渣切割明显地减少了二次加工、切割速度快）；运作成本低（工时减少）。

（2）缺点

空气中切割弧光强、噪声大、灰尘多，对环境有一定的污染，可使用数控技术并且发展了水下等离子切割技术，减少对工人的伤害；切割厚度没有火焰切割范围大。切割厚板时，割口易成 V 形并且需要大功率电源，能耗成本高。

5. 应用

等离子切割配合不同的工作气体可以切割各种氧气切割难以切割的金属，尤其是对于有色金属（不锈钢、铝、铜、钛、镍）切割效果更佳，广泛运用于汽车、机车、压力容器、化工机械、核工业、通用机械、工程机械、钢结构、船舶等各行各业。

（三）空气碳弧切割

1. 原理

碳弧切割是利用碳极电弧的高温，把金属的局部加热到熔化状态，同时用压缩空气的气流把熔化金属吹掉，从而达到对金属进行切割的一种加工方法。碳弧切割原理如图 1-53 所示。

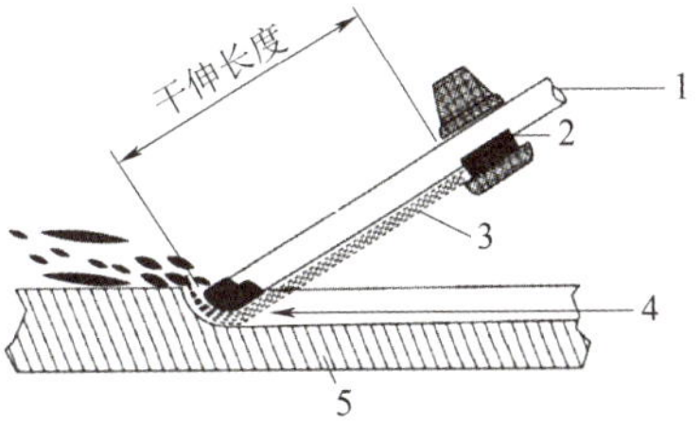

图 1-53　碳弧切割原理示意图

1—碳棒；2—碳弧气刨夹头；
3—压缩空气；4—切割方向；5—工件

2. 设备

（1）直流电源

任何类型的手工电弧焊机均可作为碳弧气刨、切割的电源；通常用大容量直流焊机（>400 A），也可两台焊机并联使用。

（2）空压泵

空压泵要求不低于五个大气压，而且压力要稳定，出气量大（>0.36 L/min）。

（3）碳棒

一般大多采用镀铜实心碳棒，其断面形状有圆形和扁形两种，扁形碳棒刨槽较圆形碳棒刨槽宽，适用于大面刨平面。要求它耐高温、导电性良好、不易断裂、断面组织细腻、灰分少、成本低等。常用圆形规格：ϕ3 mm×355 mm ~ ϕ16 mm×355 mm；扁形规格：3 mm×8 mm×355 mm~6 mm×20 mm×355 mm。

（4）碳弧气刨枪

碳弧气刨枪有圆周送风和侧面送风两种类型，目前广泛使用的是侧面送风式气刨枪，其特点是生产效率高、质量好、电极烧损少和操作方便。碳弧气刨切割设备组成如图 1-54 所示。

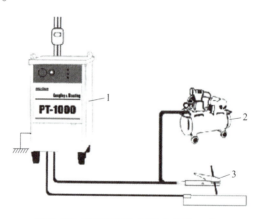

碳弧气刨

图 1-54 碳弧气刨切割设备组成示意图
1—电源；2—空压机；3—碳弧气刨枪

3. 特点

1）碳弧气刨比风铲效率高得多，适于全位置工作。

2）在清理焊根和反修焊缝刨削过程中容易观察并及时发现各类缺陷。

3）碳弧气刨能在狭窄位置及使用其他刨削工具有困难的部位进行工作，灵活、方便，质量可以得到保证。

4）碳弧气刨能刨削和切割氧—乙炔无法切割的一些金属，比如铸铁、不锈钢和有色金属等。

5）在切割有些金属材料时，会引起热影响区的渗碳，加大割槽处的淬火硬化倾向。

6）在刨削和切割过程中会产生大量的烟尘，特别是在通风不良处工作，对操作者有一定的危害。

（四）激光切割

1. 原理

激光切割是利用经聚焦的高功率密度激光束照射工件，使被照射的材料迅速熔化、汽化、烧蚀或达到燃点，同时借助与光束同轴的高速气流吹除熔融物质，从而实现将工件割开。激光切割原理如图1-55所示。

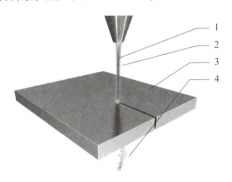

图1-55 激光切割原理示意图

1—激光束；2—切割气体；3—工件；4—熔渣

2. 特点

激光切割与其他热切割方法相比较，总的特点是切割速度快、质量高。具体可概括为以下几个方面。

（1）切割质量好

由于激光光斑小、能量密度高、切割速度快，因此激光切割能够获得较好的切割质量。

（2）切割速度快、效率高

材料在激光切割时不需要装夹固定，既可节省工装夹具，又节省了上、下料的辅助时间。

（3）非接触式切割

激光切割时割炬与工件无接触，不存在工具的磨损；加工不同形状的零件，不需要更换"刀具"，只需改变激光器的输出参数；激光切割过程噪声低，振动小，无污染。

（4）切割材料的种类多

与氧乙炔切割和等离子切割比较，激光切割材料的种类多，包括金属、非金属、金属基和非金属基复合材料、皮革、木材及纤维等。

（5）设备费用高，切割厚度有限

激光切割设备费用高，一次性投资大。激光切割由于受激光器功率和设备体积的限制，只能切割中、小厚度的板材和管材，而且随着工件厚度的增加，切割速度明显下降。

项目实施

任务工单一

组名：	组员：	学号：	组内评价：	成绩：

任务描述：认识焊接与热切割方法

目的：（1）掌握常用焊接与热切割方法的工作原理、特点及应用范围。

（2）初步掌握常用焊接方法、设备使用方法、参数调节与基本的操作技能。

（3）初步掌握常用热切割方法和设备使用方法。

任务实施：

1. 教师在焊接实训基地讲授、演示主要的熔焊方法，学生完成常用熔化焊方法、设备面板功能学习与参数调节，并进行基本技能的练习。

2. 教师引导学生了解压力焊与钎焊方法（有条件的可以结合现场教学）。

3. 教师在焊接实训基地讲授并演示主要的热切割方法，学生完成火焰切割、等离子切割原理设备的学习，并进行参数调节。

检查与评估

反馈信息描述	产生问题的原因	解决问题的方法	评估结果

指导教师评语：

指导教师签字：　　　　　　　　　　　　　　　　　日期：　　　年　　　月　　　日

项目拓展

（1）气焊、焊条电弧焊、熔化极气体保护焊、钨极氩弧焊技能训练。

（2）埋弧焊、焊接机器人技能训练。

（3）火焰切割、等离子切割、激光切割技能训练。

项目练习

一、选择题

1. 下面哪种连接方法为可拆卸的连接方法。（　　　）

A. 螺栓连接　　　　B. 胶接　　　　　C. 铆接　　　　　D. 焊接

2. 焊条电弧焊的英文简称是（　　　）。

A. SMAW　　　　　B. GTAW　　　　　C. GMAW　　　　D. FCAW

3. 钨极氩弧焊的英文简称是（　　　）。

A. GTAW　　　　　B. SMAW　　　　　C. SAW　　　　　D. GMAW

4. 以下哪种焊接方法不属于熔化焊。（　　　）

A. 焊条电弧焊　　　　　　　　　B. 钨极氩弧焊

C. 摩擦焊　　　　　　　　　　　D. 气焊

5. 焊接的本质是（　　　）。

A. 原子间的永久连接　　　　　　B. 不可拆卸连接

C. 临时连接　　　　　　　　　　D. 加热或加压

6. 铜、铝等有色金属不能用一般气割方法进行切割，其根本原因是（　　　）。

A. 金属在氧气中的燃烧点高于其熔点

B. 金属氧化物的熔点高于金属的熔点

C. 金属在切割氧流中的燃烧是吸热反应

D. 金属的导热性能太高

7. 焊条直径的选择，一般不考虑的因素是（　　　）。

A. 焊接位置　　　　　　　　　　B. 接头类型

C. 药皮种类　　　　　　　　　　D. 焊工操作水平

8. 焊条电弧焊的工艺参数不包括（　　　）。

A. 气体流量　　　B. 焊接电流　　　C. 电弧电压　　　D. 焊接速度

9. 二氧化碳气体保护焊，焊接电流为（　　　）左右时，电弧电压为 20 V。

A. 50 A　　　　　B. 100 A　　　　　C. 150 A　　　　D. 200 A

10. （　　　）不是二氧化碳气体保护焊的优点。

A. 生产效率高　　　　　　　　　B. 易于实现机械化和自动化

C. 焊接成本低　　　　　　　　　D. 抗风能力强

11. 气割最适宜（　　　）材料的切割。

A. 不锈钢　　　　B. 碳钢　　　　C. 铝及其合金　　D. 铸铁

12. 乙炔瓶为（　　　）色。

A. 白　　　　　　B. 蓝　　　　　C. 灰　　　　　　D. 黄

13. 电弧在焊剂层下燃烧进行焊接的方法是（　　　）。

A. 焊条电弧焊　　B. 气焊　　　　C. 埋弧焊　　　　D. 氩弧焊

14. 下图中，（   ）表示干伸长度。

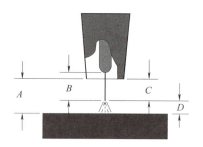

A. A   B. B   C. C   D. D

15. 下图中，钨极氩弧焊的极性为（   ）。

A. 直流正接   B. 直流反接   C. 交流   D. 不能判断

16. 焊条电弧焊采用下图接法时（与相反的接法相比），不正确的说法是（   ）。

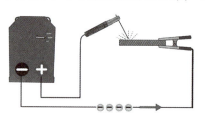

A. 飞溅大   B. 飞溅小   C. 熔敷效率低   D. 熔深大

17. 熔化极气体焊设备示意图中，D 代表（   ）。

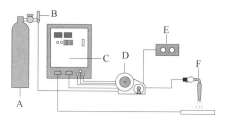

A. 气瓶   B. 焊接电源   C. 送丝机   D. 焊枪

18. 焊条电弧焊堆焊（碱性焊条）一般使用的极性是（   ）。

A. 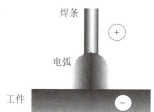   B.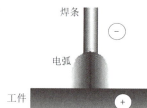

C.

D. 以上三种均可能

19. 等离子弧产生原理没有（ ）。

A. 热收缩效应　　　B. 磁收缩效应　　　C. 机械收缩效应　　D. 化学收缩效应

20. 碳弧切割时采用的电源种类是（ ）。

A. 直流　　　　　　B. 交流　　　　　　C. 脉冲　　　　　　D. 都可以

21. （ ）对钢是有害的。

A. 氧化焰　　　　　B. 碳化焰　　　　　C. 中性焰　　　　　D. 以上三种

22. 氧乙炔火焰（ ）部分温度最高。

A. A　　　　　　　　B. B　　　　　　　　C. C　　　　　　　　D. 以上均可能

二、判断题

1. 钨极许用电流的大小与电源种类与极性无关。　　　　　　　　　　　　（ ）

2. 熔化极气体保护焊反接具有的特点是电弧稳定，焊接过程平稳，熔深大，飞溅小。　　　　　　　　　　　　　　　　　　　　　　　　　　　　　　（ ）

3. 焊条电弧焊通常用短弧进行焊接。　　　　　　　　　　　　　　　　　（ ）

4. 钨极氩弧焊通常采用直流反接进行焊接。　　　　　　　　　　　　　　（ ）

5. 用惰性气体作为保护气体的熔化极气体保护焊为 MIG 焊。　　　　　　（ ）

6. 如图所示，气焊方向为左向焊。　　　　　　　　　　　　　　　　　　（ ）

7. 焊接电流一定时，干伸长度的增加会使焊丝熔化速度增加，但电弧电压下降，电流降低，电弧热量减少。　　　　　　　　　　　　　　　　　　　（ ）

8. 乙炔是一种无色而有特殊臭味的碳氢化合物气体，分子式为 C_2H_4。（ ）

9. 空气等离子切割时所需气体的压力为 $0.3 \sim 0.6$ MPa。　　　　　　（ ）

10. 埋弧焊适合于薄板的焊接。　　　　　　　　　　　　　　　　　　　（ ）

11. 摩擦焊适合异种材料且截面积较大工件的连接。　　　　　　　　　　（ ）

12. 钎焊的焊接接头强度比电弧焊接头强度低。　　　　　　　　　　　　（ ）

13. 非转移弧主要用于非金属材料的焊接与切割。　　　　　　　　　　　（ ）

14. 氧气胶管的工作压力比乙炔胶管的工作压力小。　　　　（　）

15. 气体火焰切割的过程是一个金属熔化的过程。　　　　　（　）

16. 等离子切割只能切割碳钢与低合金钢。　　　　　　　　（　）

17. 激光切割材料的种类多，包括金属、非金属、金属基和非金属基复合材料。

　　　　　　　　　　　　　　　　　　　　　　　　　　（　）

18. 等离子弧比自由电弧温度更高、更稳定。　　　　　　　（　）

19. 碳弧气刨只能采用直流电源，不能采用交流电源。　　　（　）

20. 碳弧气刨不仅可以切割碳钢，而且可以切割铸铁、不锈钢和有色金属。

　　　　　　　　　　　　　　　　　　　　　　　　　　（　）

项目二　焊接电弧与弧焊设备

项目分析

　　焊接方法虽然众多，但电弧焊方法仍然是目前应用最为广泛的焊接方法，熟悉焊接电弧的特性，掌握弧焊设备的基础知识，熟练使用弧焊设备是焊接工作者必备的能力。本项目主要介绍焊接电弧与弧焊设备基础知识，为后续专业课程的学习奠定基础。

学习目标

知识目标

- 掌握电弧的形成过程、物理基础及其组成和温度特性。
- 熟悉电弧磁偏吹产生的原因及防止措施。
- 熟悉电弧的危害及正确的防护措施。
- 掌握弧焊设备的分类、原理、主要技术参数及表示方法。
- 熟悉常用弧焊设备的选用原则与使用方法。

技能目标

- 能识别电弧磁偏吹现象，并具有解决电弧磁偏吹的能力。
- 具有正确防护电弧危害的能力。
- 具有常见弧焊设备的选用与使用能力。
- 具有初步的弧焊设备的检查与维护能力。

素质目标

- 培养学生踏实严谨、吃苦耐劳、追求卓越的优秀品质。
- 培养学生发现问题、分析问题和解决问题的能力。

知识链接

一、焊接电弧

（一）电弧形成物理基础

当焊条与焊件瞬时接触时发生短路，强大的短路电流经少数几个接触点，致使接触点处温度急剧升高并熔化，甚至部分发生蒸发。当焊条迅速提起时，焊条端头的温度已升得很高，在两电极间的电场作用下，带电粒子定向移动，这些带电质点的定向运动便形成了焊接电弧，即电弧是在工件与焊条两电极之间的气体介质中持续强烈的放电现象，电弧的形成过程如图 2-1 所示。

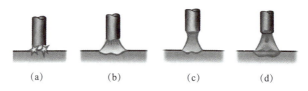

图 2-1　焊条电弧焊电弧形成过程示意图
（a）短路；（b）焊条端部融化；（c）缩颈；（d）形成电弧

电弧的特点是：电压低、电流大、温度高、发光强。

带电粒子的产生方式：一是电弧中气体电离；二是阴极电子发射。所谓气体电离是在一定条件下，中性气体分子或原子分离成正离子和电子的现象，通常用电离电压表示气体电离的难易。电离电压低，表示带电粒子容易产生，有利于电弧导电；相反，电离电压高表示带电粒子难以产生，电弧导电困难。电离的种类有热电离、场致电离和光电离等。所谓电子发射是指阴极表面的分子或原子，接受外界能量而释放自由电子的现象。电子发射的种类：热发射、自发射（强电场作用下）、光发射、重粒子碰撞发射，典型的电子发射如图 2-2 所示。

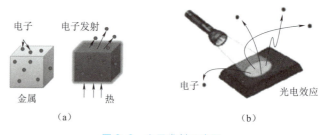

图 2-2　电子发射示意图
（a）热发射；（b）自发射

（二）电弧构造

焊接电弧是由焊接电源供给的，在具有一定电压的两电极间，或电极与母材间的气体介质中，产生强烈而持久的放电现象。焊接电弧主要由阴极区、阳极区和弧

柱区三部分组成。焊接电弧的构造如图2-3所示。

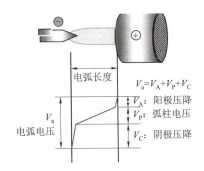

图2-3　焊接电弧构造

V_A—阳极区；V_P—弧柱区；V_C—阴极区

1）阴极区：电子发射区，热量约占36%，平均温度为2 400 K；

2）阳极区：受电子轰击区域，热量约占43%，平均温度为2 600 K；

3）弧柱区：阴、阳两极间区域，几乎等于电弧长度，热量21%，弧柱中心温度可达6 000~8 000 K。

（三）电弧温度分布

焊接电弧中轴向三个区域的温度分布是不均匀的，如图2-4所示。阴极区和阳极区的温度较低，弧柱温度较高，阴极、阳极的温度则根据焊接方法的不同有所差别，如图2-4（a）所示。常用焊接方法中等离子弧焊温度最高，其次是钨极氩弧焊、熔化极气体保护焊和焊条电弧焊。

电弧径向温度分布的特点是：弧柱轴线温度最高，沿径向由中心至周围温度逐渐降低，如图2-4（b）所示。

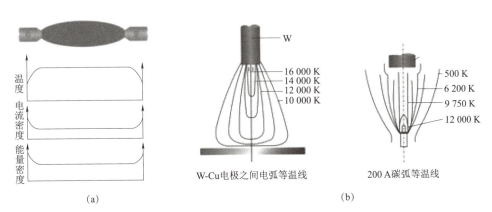

图2-4　电弧温度分布示意图

（a）电弧轴向温度分布；（b）电弧径向温度分布

（四）电弧产生方法

不同的焊接方法，其引弧方法不同，电弧焊通常有以下两种引弧方法。

1. 接触引弧法

焊条与焊件接触短路，产生的热量使电极末端与焊件表面熔化，当焊条提起时，液态金属层的横截面减小，电流密度增加，温度升高；当液态金属层被拉断时，层间温度达到沸点，产生大量金属蒸气，在电场的作用下，气体被电离，产生焊接电弧。

2. 非接触引弧法

非接触引弧方法是将两电极互相靠近（距离为2～5 mm），然后加上2 000～3 000 V的空载电压，利用高压将空气击穿，引燃电弧。由于高压危险性很大，故通常将其频率提高到150～260 Hz，利用高频电流强烈的集肤效应，以减少对人身的危害。钨极氩弧焊通常采用这种引弧方法。非接触引弧过程如图2-5所示。

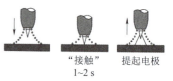

图2-5 非接触引弧过程

（五）电弧磁偏吹

1. 定义

焊接过程中，因气流的干扰、焊条药皮偏心和磁场磁力作用的影响，使电弧中心偏离焊条轴线的偏移现象，称为焊接电弧的偏吹。磁偏吹示意图如图2-6所示。

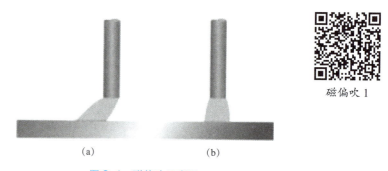

磁偏吹1

图2-6 磁偏吹示意图

（a）磁偏吹电弧；（b）正常的电弧

2. 产生原因

电弧磁偏吹产生的根本原因是电弧周围磁场不均匀（常常由于工件上电流的不均匀造成），受到的洛伦兹力不平衡，电弧就产生了偏转，即磁偏吹。磁偏吹产生的原因众多，见表2-1。

表2-1 磁偏吹影响因素

序号	影响因素	具体因素	说明
1	材料	材料物理性能	磁性材料磁偏吹倾向严重，金属材料中铁、镍、钴等元素含量高的钢磁偏吹严重（但不包括奥氏体不锈钢）
2	焊接电源	电源种类	直流电源比交流电源磁偏吹严重

续表

序号	影响因素	具体因素	说明
3	焊接准备	装配情况	两对接工件对接时磁偏吹严重，特别是间隙越小，磁偏吹越严重
		焊缝分布	纵向焊缝磁偏吹严重
		地线夹有无磁性	磁性地线夹磁偏吹严重
		地线与电弧的位置	地线与电弧的位置远时，磁偏吹严重
		接头设计	V 形坡口比 J 形坡口磁偏吹严重
4	焊接方法与工艺	焊接方法	电压较小的焊接方法磁偏吹严重，管子打底焊时常用 TIG 焊，这种情况下磁偏吹严重；细丝 MIG 焊时，焊接电流与电压都较小，这种情况下磁偏吹严重
		焊接电流大小	焊接电流大时磁偏吹严重
		焊接方向	直通焊磁偏吹严重
		电弧长短	长弧焊磁偏吹严重
5	工件大小	工件大小	焊接工件体积大且结构复杂时，磁偏吹倾向大
6	焊接环境	压力大小	高压环境下焊接比普通压力下焊接时，磁偏吹倾向大

3. 危害与防止措施

（1）危害

磁偏吹易导致气孔、未焊透等缺陷。

（2）常用的防止措施

磁偏吹 2

1）适当改变焊件上接地线的位置，尽可能使电弧周围的磁力线均匀分布。改变地线位置防止磁偏吹的示意图如图 2-7 所示。

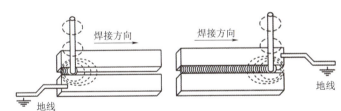

图 2-7　改变地线位置

2）适当调节焊条倾角，将焊条朝偏吹方向倾斜，并且采用短弧焊接。改变焊条倾角防止磁偏吹的示意图如图 2-8 所示。

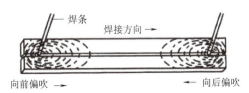

图 2-8　改变焊条倾角

3）采用分段退焊法以及短弧焊法，也能有效地克服磁偏吹。

4）采用交流焊接代替直流焊接。当采用交流电焊接时，因变化的磁场在导体中产生感应电流，而感应电流所产生的磁场削弱了焊接电流所引起的磁场，从而控制了磁偏吹。

5）安放产生对称磁场的铁磁材料，尽量使电弧周围的铁磁物质分布均匀。

6）减少焊件上的剩磁。焊件上的剩磁主要是原子磁畴排列整齐有序而造成的。为使紊乱焊件的磁畴排列达到减少或防止磁偏吹的目的，可对焊件上存在剩磁的部位进行局部加热，加热温度为 250 ℃ ~ 300 ℃，经生产使用去磁效果良好。此外在焊件的剩磁部位，外加磁铁平衡磁场。

（六）电弧的稳定性

电弧的稳定性是指在电弧燃烧过程中，电弧能维持一定的长度，不偏吹、不摇摆、不熄弧的特性。对于焊条电弧焊，影响电弧稳定性的因素如下：

1）焊工操作技术：如焊接操作中电弧长度控制不当，将会产生断弧。

2）弧焊电源：直流焊接电源比交流弧焊电源的电弧稳定性好。

3）弧焊电源的空载电压：弧焊电源的空载电压越高，引弧越容易，电弧燃烧的稳定性越好。

4）焊接电流：焊接电流大，电弧的温度高，弧柱区气体电离程度和热发射作用强，则电弧燃烧越稳定。

5）焊条涂层：焊条涂层中含电离电位较低的物质（如钾、钠、钙的氧化物）越多，气体电离程度越好，导电性越强，则电弧燃烧越稳定；反之，则不稳定。

6）焊接表面状况、气流、电弧偏吹等：焊接处不清洁，当有油脂、水分、锈蚀等存在时，电弧稳定性差。气流、大风、电弧偏吹等都会降低电弧燃烧的稳定性。

（七）电弧危害及防护

1. 危害

电焊弧光的光谱中，包含了红外线，可见光线、紫外线三部分。焊接电弧光谱如图 2-9 所示。

焊接电弧可见光线的光度，比人眼能正常承受的光线强度约大一万倍。强烈的可见光将对视网膜产生烧灼，造成眩辉性视网膜炎，此时将感觉眼睛疼痛，视觉模糊，有中心暗点，一段时间后才能恢复。如长期反复作用，将使视力逐渐减退。

焊接电弧中红外线对眼睛的损伤是一个慢性过程。眼睛晶状体长期吸收过量的红外线后，将使其弹性变差，调节困难，使视力减退，严重者还将使晶体状混浊，损害视力。焊工一天工作后，如自觉双眼发热，大多是吸收了过量红外线所致。

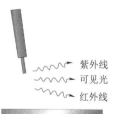

图 2-9 焊接电弧
光谱示意图

电弧中紫外线照射人眼后，导致角膜和结膜发炎，产生"电光性眼炎"，属急性病症，使两眼刺痛、眼睑红肿痉挛、流泪、怕见亮光，症状可持续 1~2 天，休息和治疗后将逐渐好转。

电弧辐射危害的主要影响因素：焊接方法、电流大小、辐射时间和距电弧的距离。

2. 防护措施

电焊弧光的防护：采用品质合格的焊接面罩（含护目镜片，黑玻璃），焊接面罩作用如图 2-10 所示。

护目镜片（又称黑玻璃）具有减弱电弧光和过滤红外线、紫外线的作用，其颜色以墨绿色或橙色较多。按颜色的深浅程度不同，由浅到深进行排号，号数越大，色泽越深。护目镜片要根据焊接电流的大小、焊工的年龄和视力情况等进行选择。按颜色深浅的不同分为 6 个型号，即 7~12 号，号数越大，色泽越深，应根据年龄和视力情况选用。例如，年轻的焊工视力较好，宜用颜色较深的黑玻璃，以增大保护视力的效果。同时，黑玻璃的选用还与焊接电流有关，一般情况下焊接电流不大于 100 A 时，选用 7~8 号；焊接电流为 100~350 A 时，选用 9~10 号；焊接电流大于或等于 350 A 时，选用 11~12 号。

图 2-10　焊接面罩作用示意图

二、弧焊设备

按照 GB/T 10249—2010《电焊机型号编制方法》，电焊机可分为电弧焊机（焊条电弧焊机、熔化极气体保护焊机、钨极氩弧焊机、埋弧焊机、等离子弧焊机等）、电渣焊机、电阻焊机、螺柱焊机、摩擦焊机、电子束焊机、光束焊机、超声波焊机、钎焊机和焊接机器人十大类。其中电弧焊机是最通用的一种焊接设备，以下主要针对电弧焊设备作介绍。

（一）弧焊电源基础

1. 工业电网与弧焊电源

我国工业电网采用三相四线制，输入参数为 380 V/220 V/50 Hz，而弧焊电源空载电压一般为 40~90 V，输出电流为 30~1 500 A，输出电压为 20~40 V，以上电压与电流的转变需要弧焊电源（降压变压器）实现。弧焊电源原理示意图如图 2-11 所示。

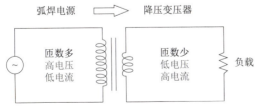

图 2-11　弧焊电源原理示意图

2. 电气特性

弧焊电源的外特性是指在规定范围内，弧焊电源稳态输出电压 U_y 与输出电流 I_y

的关系，即在电源内部参数一定的条件下，改变负载，电源输出的电压稳定值 U_y 与输出的电流稳定值 I_y 之间的关系。

弧焊电源的输出特性（电源外特性）有以下两种：恒流特性（A Constant Currnet Type of Power Source，CC），即弧长变化时，焊接电流变化很小；恒压特性（A Constant Voltage Type of Power Source，CV），即弧长变化时，电弧电压变化很小。两种电源的输出特性如图 2-12 所示。不同的焊接方法，电源外特性有所不同，常用电弧焊方法的输出特性见表 2-2。

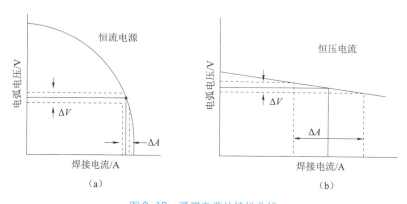

（a）　　　　　　　　　（b）

图 2-12　弧焊电源外特性曲线
（a）恒流电源外特性；（b）恒压电源外特性

表 2-2　常用电弧焊方法的输出特性

焊接方法	SMAW	GTAW	GMAW	FCAW	SAW
输出特性	CC	CC	CV	CV	CC/CV

3. 弧焊工艺对电源的基本要求

保证引弧容易；保证电弧稳定；保证焊接工艺参数稳定；具有足够宽的焊接参数调节范围。

（二）分类

弧焊电源按输出电流波形的形状分为交流弧焊电机、直流弧焊电机、脉冲弧焊机及逆变弧焊机。

1. 交流弧焊机

弧焊变压器即交流弧焊电源，它将交流电网的高压交流电变成适用于电弧焊的低压交流电，工作原理如图 2-13 所示。其优点是结构简单、使用方便、易于维修、价格便宜及无磁偏吹、噪声小等，缺点是不能用于碱性低氢型焊条的焊接。

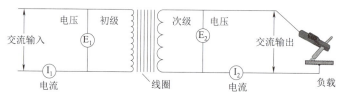

图 2-13　交流弧焊电源工作原理

2. 直流弧焊机

（1）弧焊发电机

弧焊发电机也称为直流弧焊机，它由一台原动机和一台弧焊发电机组成，属于20世纪50年代的产品，其耗材多、效率低、噪声大，从1992年开始已经停止生产，是淘汰产品。

（2）弧焊整流器

弧焊整流器是一种将交流电经变压、整流转换成直流电的焊接电源，其工作原理如图2-14所示。

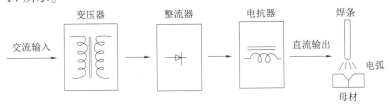

图2-14　弧焊整流器工作原理

3. 脉冲弧焊机

输入电流周期性变化的电源为脉冲弧焊电源，脉冲弧焊电源可控参数多，能精确控制热输入，焊缝成形美观，焊接过程中飞溅和烟尘较少，在有色金属焊接、薄件焊接、全位置焊接中作用明显。

脉冲弧焊电源的参数主要有脉冲电流、基值电流（焊接电流）、脉冲频率、脉冲幅度等。脉冲电源波形及主要参数如图2-15所示。

脉冲电流是决定焊缝成形尺寸的主要参数之一，随着脉冲电流和脉冲幅的增大，焊缝熔深和熔宽都会增大，脉冲电流的选定主要取决于工件的材质和厚度。脉冲电流过大，则易产生咬边缺陷。为充分发挥脉冲焊的特点，一般选用较小的基值电流，只要能维持电弧稳定燃烧即可。脉冲焊接时调节焊接电流旋钮可改变基值电流的大小。基值电流也不宜过小，否则熔池冷却速度过快，易在焊点中部形成下凹火口并出现火口裂纹。

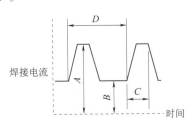

图2-15　脉冲电源波形及主要参数

A—峰值电流；B—基值电流；
C—脉冲电流；D—脉冲时间

4. 逆变式弧焊机

逆变与整流是两个相反的概念，整流是把交流电变换为直流电的过程，而逆变则是把直流电改变为交流电的过程，采用逆变技术的弧焊电源称为逆变焊机。逆变过程需要大功率电子开关器件，采用绝缘栅双极晶体管IGBT作为开关器件的逆变焊机称为IGBT逆变焊机。逆变式直流弧焊机工作原理如图2-16所示，其工作过程为：工频交流-直流-高频交流-变压-直流。

逆变式焊机具有体积小，重量轻，节省材料，携带、移动方便，高效节能（效率可达到80%～90%，比传统焊机节电1/3以上），动特性好，引弧容易，电弧稳定，焊缝成形美观，飞溅小等优点。目前这类弧焊整流焊机已成为主流的弧焊电源。

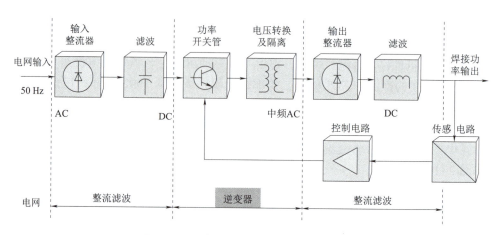

图 2-16　逆变式直流弧焊机工作原理示意图

知识拓展 NEWS

（1）逆变焊机的优点

1）体积小，重量轻，节约制造材料，携带、移动方便。

2）节能、高效。

3）动特性好、控制灵活。

4）输出电压、电流的稳定性好。

（2）逆变焊机的缺点

逆变焊割设备的缺点主要为涉及的电子元器件较多，结构复杂，产品生产过程中的调试、检测、参数设定难度较大。

（三）主要技术指标

1. 负载持续率

负载持续率是指在选定的工作周期内焊机负载的时间占选定工作时间周期的百分率，可用以下公式表示：

$$DY_N = \frac{t}{T} \times 100\%$$

负载持续率

式中　DY_N——负载持续率；

t——选定工作周期内负载的时间（min）；

T——选定的工作周期（min）。

我国对手工电弧焊机所选定的工作周期为 10 min，如果在 10 min 内负载的时间为 6 min，那么负载持续率即为 60%。对一台焊机来说，随着实际焊接时间的增多，间歇时间减少，那么负载持续率便会不断增高，焊机便更容易发热、升温，甚至烧毁。因此，焊工必须按规定的额定负载持续率使用焊机。负载持续率示意图如图 2-17 所示。

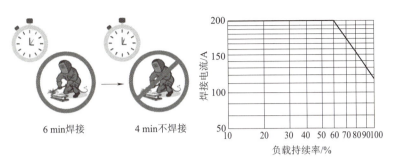

图 2-17　负载持续率示意图

图中标注：6 min焊接　4 min不焊接　焊接电流/A　负载持续率/%

知识拓展

额定负载持续率和额定电流是设计弧焊电源时，考虑焊机工作过程中升温而设定的参数；而实际负载持续率和实际电流是反映焊接工作过程的物理量。

电焊机在小电流条件下工作时，实际负载持续率可以比额定负载持续率大，但一般情况下，为了焊机安全，实际焊接电流一般不大于额定焊接电流。

2. 额定焊接电流

额定焊接电流是在额定负载持续率下允许使用的最大焊接电流。负载持续率越大，表明在规定的工作周期内，焊接工作时间延长了，故焊机的温升就要升高。为了不使焊机绝缘被破坏，就要减小焊接电流。当负载持续率变小时，表明在规定的工作周期内，焊接工作的时间减少了，此时可以短时提高焊接电流。当实际负载持续率与额定负载持续率不同时，焊条弧焊机的许用电流就会变化，可按下式计算：

电流和电压
的关系（1）

$$许用焊接电源=额定焊接电流×\sqrt{\frac{额定负载持续率}{实际负载持续率}}$$

焊机铭牌上列出了几种不同负载持续率所允许的焊接电流。弧焊电源以额定焊接电流表示其基本规格。

3. 空载电压

空载电压是指电源输出端没有接负载时的开路电压。

弧焊电源空载电压的主要作用如下：

（1）在接触起弧中，较高的空载电压有利于焊条（丝）与工件的高阻接触表面，形成导电通路。

电流和电压
的关系（2）

（2）焊接过程中较高的空载（或近空载）电压有利于电弧的稳定燃烧。

但是空载电压也不能太高，因为空载电压越高，对于操作者越危险。

焊机开始工作、正常工作及短路时电流和电压的关系如图 2-18 所示。

电流和电压
的关系（3）

图 2-18　焊机不同时间电流与电压关系

（a）焊接前；（b）焊接中；（c）短路

表 2-3 所示为松下 YD-400AT 型号焊机的主要技术参数。

表 2-3　松下 YD-400AT 型号焊机的主要技术参数

额定输入电压、相数	AC 380 V/3	额定输入容量	17.6 kW
额定输出电流	400 A	额定输出电流	36 V
额定负载持续率	60%	空载电压	71 V
输出电流范围	20~410 A	引弧电流	最大 150 A
控制方式	IGBT	TIG 引弧方式	接触引弧

（四）表示方法

焊机型号是用汉语拼音大写字母及阿拉伯数字按一定的编排次序组成的。GB/T 10249—2010 规定的编排次序及含义见表 2-4。

表 2-4　部分焊机型号与代表符号

序号	第一字位		第二字位		第三字位		第四字位	
	代表字母	大类名称	代表字母	小类名称	代表字母	附注特征	数字序号	系列序号
1	A	弧焊发电机	X P D	下降特性 平特性 多特性	省略 D Q C T H	电动机驱动 单纯弧焊发电机 汽油机驱动 柴油机驱动 拖拉机驱动 汽车驱动	省略 1 2	直流 交流发电机整流 交流
2	Z	弧焊整流器	X P D	下降特性 平特性 多特性	省略 M L E	一般电源 脉冲电源 高空载电压 交直流两用电源	省略 1 3 4 5 6 7	磁放大器或饱和电抗器式 动铁芯式 动线圈式 晶体管式 晶闸管式 变换抽头式 变频式
3	B	弧焊变压器	X P	下降特性 平特性	L	高空载电压	省略 1 2 3 5 6	磁放大器或饱和电抗器式 动铁芯式 串联电抗器式 动线圈式 晶闸管式 变换抽头式

续表

序号	第一字位		第二字位		第三字位		第四字位	
	代表字母	大类名称	代表字母	小类名称	代表字母	附注特征	数字序号	系列序号
4	N	熔化极气体保护焊	B Z D U G	半自动焊 自动焊 点焊 堆焊 切割	C M 省略	CO_2 保护焊 脉冲 直流	省略 1 2 3 4 5 6 7	焊车式 全位置焊车式 横臂式 机床式 旋转焊头式 台式 焊接机器人 变位式
5	W	钨极氩弧焊机	Z S D Q	自动焊 手工焊 点焊 其他	省略 J E M	直流 交流 交直流 脉冲	省略 1 2 3 4 5 6 7 8	焊车式 全位置焊车式 横臂式 机床式 旋转焊头式 台式 焊接机器人 变位式 真空充气式

（五）选用原则

交流与直流电焊机各有优缺点，二者的选用要综合考虑工艺性要求、经济性、适用性等因素，其中工艺性要求主要指被焊材料的种类和厚度，以下简要介绍交流与直流电焊机的特点。

1. 交流焊机的特点

（1）优点

1）价格便宜。

2）一般不容易出故障（适用于焊机需经常移动的场合）。

3）能在电磁场存在的场合使用。

（2）缺点

1）体积大、笨重、搬运不方便。

2）能耗高。

3）一般只能使用酸性焊条。

4）电流调节不方便（摇手柄需要较大力气）。

2. 直流焊机的特点

直流焊机一般分为可控硅整流和逆变两种，现在用的较多的是逆变焊机。

（1）优点

1）体积小，移动方便。

2）能耗低（同规格的逆变焊机比交流焊机节约电能1/3以上）。

3）酸性焊条、碱性焊条都可以使用。

4）电流调节很方便。

（2）缺点

1）价格相对较高。

2）维修比较复杂，一般需要专业人员维修。

3）能在电磁场存在的场合使用。

知识拓展 NEWS

目前国内掌握电焊机核心技术并实现规模生产的品牌有山东奥太、唐山松下、北京时代、上海沪工等。但在高端电焊机领域，我国的焊机还与国外知名品牌如瑞典的伊萨、奥地利的福尼斯、美国的林肯和米勒等有一定差距。

项目实施

任务工单二

组名：	组员：	学号：	组内评价：	成绩：

任务描述：认识焊接电弧与弧焊设备

目的：（1）掌握焊接电弧形成过程、组成及温度特性，并具有正确防止弧光辐射的能力。

（2）掌握电弧磁偏吹产生的原因及防止措施，并具有识别电弧磁偏吹的能力。

（3）掌握弧焊设备的分类、原理、表示方法、主要技术参数等基础知识，具有弧焊设备的初步使用与维护能力。

任务实施：

1. 在教师的指导下，在焊接实训基地观察磁偏吹现象，总结电弧磁偏吹产生的原因及防止措施。

2. 学生分组进行焊条电弧焊、熔化极气体保护焊与钨极氩弧焊设备的调节练习，并总结弧焊设备的使用与调节方法。

检查与评估

反馈信息描述	产生问题的原因	解决问题的方法	评估结果

指导教师评语：

指导教师签字：　　　　　　　　　　　　　　　日期：　　　年　　月　　日

项目拓展

1. 进行磁偏吹焊接试验，总结电弧磁偏吹主要出现在什么场合。
2. 进行脉冲电源焊接试验，总结脉冲电源的特点及应用场合。

项目练习

一、选择题

1. 焊接电弧温度最高的区域是（   ）。
A. 阴极区　　　　　　B. 阳极区　　　　　　C. 弧柱区　　　　　　D. 以上都不对

2. 焊条电弧焊电弧的温度为（   ）。
A. 2 000 ℃~4 000 ℃　　　　　　　　B. 6 000 ℃~8 000 ℃
C. 10 000 ℃~12 000 ℃　　　　　　　D. 15 000 ℃~18 000 ℃

3. （   ）表示钨极氩弧焊机。
A. BX1　　　　　　B. MZ-1000　　　　　　C. WS-315　　　　　　D. AX-200

4. NBC-250 型号的焊机是（   ）。
A. 熔化极惰性气体保护焊机　　　　　　B. 二氧化碳气体保护焊机
C. 熔化极活性气体保护焊机　　　　　　D. 钨极氩弧焊机

5. 电弧磁偏吹不可能导致（   ）焊接缺欠的产生。
A. 气孔　　　　　　B. 裂纹　　　　　　C. 未焊透　　　　　　D. 未熔合

6. 当焊接电流为 100~150 A 时，焊工护目镜片应选用的色号是（   ）。
A. 3~4　　　　　　B. 5~6　　　　　　C. 7~8　　　　　　D. 11~12

7. （   ）不是逆变式弧焊电源的特点。
A. 重量轻、效率高　　　　　　　　B. 功率因数高
C. 具有良好的调节特性　　　　　　D. 制造耗材多

8. 关于直流与交流弧焊电源，（   ）是错误的。
A. 直流电焊机输出的电流较稳定　　　　B. 直流电焊机电弧不稳定，且不易断弧
C. 直流电焊机更容易引弧　　　　　　　D. 直流焊机较轻

9. 电源输出端没有接负载时的电压是（   ）。
A. 空载电压　　　　B. 焊接电压　　　　C. 短路电压　　　　D. 额定电压

10. （   ）方法的电源外特性为恒压。
A. 焊条电弧焊　　　　　　　　　　B. 二氧化碳气体保护焊
C. 钨极氩弧焊　　　　　　　　　　D. 埋弧焊

11. （   ）不是脉冲弧焊电源的参数。
A. 脉冲电流　　　　B. 基值电流　　　　C. 脉冲频率　　　　D. 脉冲电压

12. 电光性眼炎主要是由弧光中的（   ）引起的。
A. 红外线　　　　　　B. 红外线　　　　　　C. 可见光　　　　　　D. 放射线

13. 恒压特性（CV）弧焊电源提供的电流种类是（   ）。

A. 交流　　　　　B. 直流　　　　　C. 交流或直流　　　D. 方波交流

14. 某弧焊电源技术参数如下图所示，则焊接电流为 125 A 时，实际负载率最大为（　　　）。

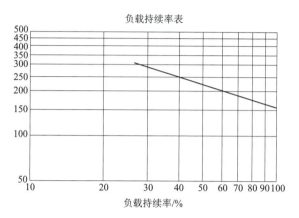

A. 20%　　　　　B. 40%　　　　　C. 60%　　　　　D. 100%

15. 下图所示的弧焊电源接法中（绿色为接地线），保险丝有（　　　）根。

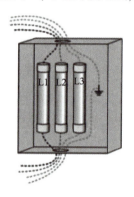

A. 1　　　　　B. 2　　　　　C. 3　　　　　D. 4

二、判断题

1. 电弧的实质是一种气体燃烧现象。　　　　　　　　　　　　　　　（　　　）

2. 相比于交流电焊机，直流电焊机电弧稳定，不易断弧且飞溅小。　　（　　　）

3. 空载电压越高越易引弧，因此焊机的空载电压越高越好。　　　　　（　　　）

4. 图中所示磁偏吹是正确的。　　　　　　　　　　　　　　　　　　（　　　）

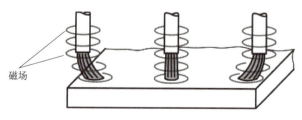

5. 气体介质种类、气体压力的大小也对电弧静特性有一定的影响。　　（　　　）

6. 焊机的空载电压比焊接电压低。　　　　　　　　　　　　　　　　（　　　）

7. 脉冲弧焊电源适合于全位置及薄板的焊接。　　　　　　　　　　　（　　　）

8. 电弧磁偏吹与电源种类有关。   （   ）

9. 电焊机必须在额定负载持续率条件下工作。 （   ）

10. 电弧的产生条件是必须产生短路。   （   ）

项目三　焊接材料

项目分析

　　焊接材料的成分对焊缝的化学成分、组织和性能有重要影响，掌握焊接材料基础知识，是学习焊接技术的一个重要内容，本项目主要介绍焊条、焊丝、保护气体、钨极、焊剂基础知识，为后续课程的学习奠定基础。

学习目标

知识目标

- 掌握焊条的作用、组成与表示方法，熟悉焊条选用的原则。
- 掌握焊丝的作用、种类与表示方法，熟悉焊丝的选用与保管方法。
- 掌握常用保护气体的特性、表示方法与应用范围。
- 掌握钨极的种类、特点及选用方法，熟悉钨极的正确使用方法。
- 掌握埋弧焊焊剂的作用与分类，熟悉埋弧焊焊剂的选用与使用方法。

技能目标

- 具有正确选择、使用与保管焊条的能力。
- 具有根据实际情况正确选用、使用与保管焊丝的能力。
- 能根据实际情况，正确选用保护气体，并能根据焊缝外观颜色，正确判断气体保护效果的能力。
- 具有正确选用与使用钨极的能力。
- 具有正确选用与使用焊剂的能力。

素质目标

- 培养学生踏实严谨、吃苦耐劳、追求卓越的优秀品质。
- 培养学生发现问题、分析问题、解决问题的能力。

知识链接

一、焊条

（一）组成与作用

焊条是供焊条电弧焊焊接过程中使用的涂有药皮的熔化电极，它由焊芯和药皮两部分组成。焊条组成示意图如图 3-1 所示。焊芯作用如下：一是传导电流；二是作为填充金属（主要含碳、锰、硅、硫、磷元素）。药皮作用如下：一是稳弧作用；二是保护作用，即焊接过程中产生保护气体，以及形成熔渣，对高温的熔池和焊缝形成保护；三是冶金作用，一方面通过向焊缝过渡其他有益合金元素，另一方面通过药皮中的脱氧剂与熔化金属发生冶金作用，减少硫、磷等有害杂质对焊缝质量的影响，以提高焊缝金属的力学性能；四是改善焊接工艺性能的作用。

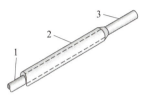

图 3-1　焊条组成示意图

1, 3—焊芯；2—药皮

（二）分类

电焊条有两种分类方法：按焊条用途分类、按药皮熔化后熔渣的特性分类。

1. 按焊条用途分类

非合金钢及细晶粒钢焊条、热强钢焊条、不锈钢焊条、堆焊焊条、铸铁焊条、铜及铜合金焊条、铝及铝合金焊条、镍及镍合金焊条等。

焊条的组成
与分类

2. 按焊条药皮熔化后熔渣的特性分类

（1）酸性焊条

酸性焊条是指在焊条药皮中含酸性氧化物多、碱性氧化物少的焊条。

1）主要成分：钛铁矿型、钛钙型等。

2）特点：焊接工艺性能好；对工件的铁锈、油污等污物不敏感，抗气孔性好；抗裂性差，力学性能较低；焊条药皮的氧化性强，合金元素损失较多；焊接时烟尘、有害气体少；可交、直两用，适用各种位置焊接；焊前焊条的烘干温度较低（150 ℃～250 ℃）。

3）应用范围

酸性焊条仅适用于一般低碳钢和强度等级较低的普通低合金钢结构的焊接。

（2）碱性焊条

碱性焊条是指在焊条药皮中含碱性氧化物多、酸性氧化物少的焊条。

1）主要成分：主要是碱性氧化物（大理石和萤石），并含有较多的铁合金作为脱氧剂和合金剂。

2）特点：焊缝金属合金化效果好；焊接工艺性能差；焊缝中含氢量较低（萤石具有去氢能力）；抗裂性能好、力学性能高；焊接时烟尘有害气体多；抗气孔性能较差，焊前要严格烘干焊条（烘干温度为 350 ℃～400 ℃），采用短弧焊接；不加稳弧剂的碱性焊条应采用直流反接。

3）应用范围：适用合金钢和重要的碳钢结构。

3. 按药皮种类分类

按药皮种类分，主要有钛铁矿型、钛钙型、高纤维素型、低氢型等。

4. 按焊条性能分类

按焊条性能分，主要有低尘、低毒焊条，立向下焊条，超低氢焊条，铁粉高效焊条，水下焊条等。

（三）表示方法

焊条通常用型号与牌号表示，其中焊条型号是以国家标准为依据规定的焊条表示方法，焊条牌号是根据焊条的主要用途及性能特点采用的表示方法（目前最新标准已不介绍），焊条型号大类与焊条牌号大类对照见表3-1。

表3-1　焊条型号大类与焊条牌号大类对照

焊条型号			焊条牌号			
焊条大类（按化学成分分类）			焊条大类（按用途分类）			
国家标准编号	名称	代号	类别	名称	代号	
					字母	汉字
GB/T 5117—2012	非合金钢及细晶粒钢焊条	E	一	结构钢焊条	J	结
GB/T 5118—2012	热强钢焊条	E	二	钼和铬钼耐热钢焊条	R	热
GB/T 983—2012	不锈钢焊条	E	三	低温钢焊条	W	温
GB/T 984—2001	堆焊焊条	ED	四	不锈钢焊条	G	铬
GB/T 10044—2006	铸铁焊条及焊丝	EZ		不锈钢焊条	A	奥
GB/T 3670—1995	铜及铜合金焊条	TCu	五	堆焊焊条	D	堆
GB/T 3669—2001	铝及铝合金焊条	TAl	六	铸铁焊条	Z	铸
GB/T 13814—2008	镍及镍合金焊条	ENi	七	镍及镍合金焊条	Ni	镍
			八	铜及铜合金焊条	T	铜
			九	铝及铝合金焊条	L	铝
			十	特殊用途焊条	Ts	特
说明：焊条牌号的表示方法目前已不在使用，但有些企业仍有应用，因此做了简要介绍						

1. 非合金钢及细晶粒钢焊条

按照 GB/T 5117—2012《非合金钢及细晶粒钢焊条》，型号示例如下：

E 4303

- E——焊条；
- 43——熔敷金属抗拉强度最小值为430 MPa；
- 03——药皮类型为钛型，适用于全位置焊接，采用交流或直流。

E 5515-N5 P U H10：

- E——焊条；

- 55——熔敷金属抗拉强度最小值为 550 MPa；
- 15——药皮类型为碱性，适用于全位置焊接，采用直流反接；
- N5——熔敷金属化学成分分类代号；
- P——焊后状态代号，此处表示热处理状态；
- U——可选附加代号，表示在规定温度下冲击功在 47 J 以上；
- H10——可选附加代号，表示熔敷金属扩散氢含量不大于 10 mL/100 g。

熔敷金属抗拉强度代号见表 3-2。

表 3-2　熔敷金属抗拉强度代号

抗拉强度代号	最小抗拉强度值/MPa	抗拉强度代号	最小抗拉强度值/MPa
43	430	55	550
50	490	57	570

药皮类型代号（焊条型号后两位数字）见表 3-3。

表 3-3　药皮类型代号

代号	药皮类型	焊接位置[a]	电流类型
03	钛型	全位置[b]	交流和直流正、反接
10	纤维素	全位置[b]	直流反接
11	纤维素	全位置[b]	交流和直流反接
12	金红石	全位置[b]	交流和直流正接
13	金红石	全位置[b]	交流和直流正、反接
14	金红石+铁粉	全位置[b]	交流和直流正、反接
15	碱性	全位置[b]	直流反接
16	碱性	全位置[b]	交流和直流反接
18	碱性+铁粉	全位置[b]	交流和直流反接
19	钛铁矿	全位置[b]	交流和直流正、反接
20	氧化铁	PA、PB	交流和直流正接
24	金红石+铁粉	PA、PB	交流和直流正、反接
27	氧化铁+铁粉	PA、PB	交流和直流正、反接
28	碱性+铁粉	PA、PB、PC	交流和直流反接
40	不做规定	由制造商确定	
45	碱性	全位置	直流反接
48	碱性	全位置	交流和直流反接

注：[a] 焊接位置见 GB/T 16672，其中 PA＝平焊、PB＝平角焊、PC＝向下立焊；

　　[b] 此处"全位置"并不一定包含向下立焊，由制造商确定

熔敷金属化学成分分类代号见表3-4。

表3-4 熔敷金属化学成分分类代号（部分）

分类代号	主要化学成分的名义含量（质量百分比）/%				
	Mn	Ni	Cr	Mo	Cu
无标记、—1、—P1、—P2	1.0	—	—	—	—
—1M3	—	—	—	0.5	—
—3M2	1.5	—	—	0.4	—
—3M3	1.5	—	—	0.5	—
—N1	—	0.5	—	—	—
—N3	—	1.5	—	—	—
—3N5	1.5	1.5	—	—	—
—N5	—	2.5	—	—	—
—N7	—	3.5	—	—	—
—N13	—	6.5	—	—	—
—NC	—	0.5	—	—	0.4
—CC	—	—	0.5	—	0.4
—NCC	—	0.2	0.6	—	0.5
—NCC1	—	0.6	0.6	—	0.5
—NCC2	—	0.3	0.2	—	0.5
G	其他成分				

知识拓展

（1）标准更新说明

GB/T 5117—1995《碳钢焊条》已由 GB/T 5117—2012《非合金钢及细晶粒钢焊条》替代，标准的适用范围在原标准基础上进行了扩大。为了与国际标准接轨，主要做了如下调整：

一是增加了耐候钢焊条的技术要求，与原碳钢焊条一起列入非合金钢类焊条；

二是增加了原 GB/T 5118—1995《低合金钢焊条》中的镍钢、镍钼钢、锰钼钢、耐候钢焊条等；

三是标准抗拉强度范围由 490 MPa 提高到 570 MPa。

（2）牌号示例

牌号示例如下：

J 50 7
└─── 表示药皮类型
└─── 表示熔敷金属抗拉强度的最小值为490 MPa
└─── 表示结构钢焊条

（3）单位说明

MPa 为国际单位，1 kgf/mm² 为工程单位，二者数值关系如下：

$$1 \text{ kgf/mm}^2 = 9.8 \text{ N/mm}^2 = 9.8 \text{ MPa} \approx 10 \text{ MPa}$$

2. 热强钢焊条

按照 GB/T 5118—2012《热强钢焊条》，焊条型号按熔敷金属力学性能、药皮类型、焊接位置、电流类型、熔敷金属化学成分等进行划分。

型号示例：

E 6215-2C1M H10

- E——焊条；
- 62——熔敷金属抗拉强度最小值为 620 MPa；
- 15——药皮类型为碱性，适用于全位置焊接，采用直流反接；
- 2C1M——熔敷金属化学成分分类代号；
- H10——可选附加代号，表示熔敷金属扩散氢含量不大于 10 mL/100 g。

其中熔敷金属化学成分用"×C×M×"表示，标识"C"前的整数表示 Cr 的名义含量，"M"前的整数表示 Mo 的名义含量。对于 Cr 或者 Mo，如果名义含量少于 1%，则字母前不标记数字。

知识拓展 NEWS

GB/T 5118—1995《低合金钢焊条》已由 GB/T 5118—2012《热强钢焊条》替代，标准修订后仅保留了原 GB/T 5118—1995《低合金钢焊条》中的碳钼钢焊条和铬钼钢焊条内容，原标准中镍钢、镍钼钢、锰钼钢焊条型号中的 E5515-D3、E5516-D3、E5518-D3，以及其他低合金焊条型号中的 E5018W、E5518W 等焊条，转到新修订的 GB/T 5117—2012《非合金钢及细晶粒钢焊条》标准中。

（四）选用原则

在实际生产中选用焊条时，除根据钢材的化学成分、力学性能、工作环境等要求外，还应考虑结构状况、受力情况和设备条件等综合因素。

1. 一般原则

（1）低碳钢、中碳钢、低合金，应按"等强度"原则选用。当结构刚性大，受力复杂时，应选比钢材强度低一级的焊条

（2）不锈钢、耐热焊接或堆焊时，按母材的"等成分"原则选用。

（3）异种钢焊接时，一般选用较低强度等级相匹配的焊条。

常用钢号推荐焊条选用见表 3-5。

表 3-5　常用钢号推荐焊条选用

类别	钢号	焊条型号	焊条牌号
碳素钢和低合金钢	Q235A+Q345	E4303	J422
	20、20R+Q355、16MnR	E4315	J427
		E5015	J507

续表

类别	钢号	焊条型号	焊条牌号
不锈钢	06Cr13	E410-15 E410-16	G202、G207
	022Cr19Ni10	E308-15 E308-16	A102、A107
碳素钢与奥氏体不锈钢	20、20R、Q345、16MnR+0Cr18Ni9Ti	E309-16	A302
		E309Mo-16	A132

2. 工艺性能

酸性焊条和碱性焊条的选用主要取决于：结构形状的复杂性，钢材厚度的大小，焊件负荷的情况和钢材的抗裂性等。

碱性焊条适用于：

1）对塑性、冲击韧性和抗裂性能要求较高的焊件。

2）低温条件下工作的焊缝。

酸性焊条适用于：

1）难以清理的焊件。

2）通风条件较差或容器内焊接时。

3. 生产成本

考虑简化工艺、提高生产率、降低成本。

1）薄板焊接或点焊宜采用"E4303"。

2）在满足焊件使用性能和焊条操作性能的前提下应选用规格大、效率高的焊条。

3）在使用性能基本相同时，应尽量选用价格较低的焊条。

（五）管理与使用

1. 焊条管理

焊条的管理主要包括验收、保管、领用和发放，焊条管理分为一级库管理、二级库管理和焊工焊接时的管理。焊条管理流程如图3-2所示。

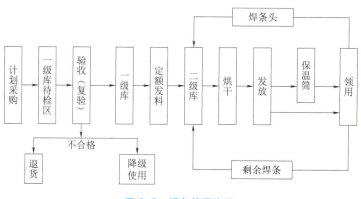

图3-2　焊条管理流程

根据 JB/T 3223—2017《焊条质量管理规程》的规定，焊条的储存应符合以下条件：

1）存放于通风区，并且距地面与墙保持一定距离，应置于离地面或墙壁的距离在 0.3 m 以上的木架上，以防止受潮变质。

2）必须放在通风良好、干燥的库房内，室内温度在 10 ℃ ~ 25 ℃，相对湿度不超过 60%。

3）明确标记入库日期，并将其置于明显的位置。

4）应分类、分型号存放，避免混淆。焊条型号、直径等信息应保持清晰可见。

2. 焊条使用

酸性焊条烘干的温度为 75 ℃ ~ 150 ℃，时间为 1 ~ 2 h。酸性焊条由于对水分产生气孔的敏感性不大，所以烘干温度相对要低一些。碱性焊条过高的烘干温度也是不合适的：一是浪费能源；其次是当烘干温度超过 500 ℃ 时，药皮中的某些成分（如 $CaCO_3$）就会发生分解，起不到应有的保护作用。

知识拓展

1. 焊条的吸潮性

受潮焊条的焊接表现如下：电弧不稳、飞溅增加、焊波粗糙、咬边倾向增加、裂纹与气孔倾向增加。

2. 焊条的烘干

焊条在储存、运输期间药皮会吸潮，使药皮中的水分增加。焊条使用前进行烘干的作用就是降低药皮中的含水量，其目的如下：

1）减少焊接过程中的飞溅，使焊接电弧能够稳定地燃烧。

2）防止在焊缝中产生气孔。

3）防止在焊接某些低合金钢时由氢引起的延迟裂纹。

二、焊丝

（一）作用

1. 作电极
焊件为一个电极，焊丝为另一个电极。

2. 传导电流
电源输出端将电流传到焊枪的导电嘴上，再传到焊丝上。

3. 作填充金属
熔滴进入熔池并凝固后便成为焊缝。

4. 向焊接熔池添加脱氧剂
焊丝中的锰、硅参与化学反应，起到脱氧的作用。

5. 向焊缝补充合金
补偿被电弧烧损的合金。

（二）分类

1. 分类方法

1）按被焊材料性质分，有碳钢焊丝、低合金钢焊丝、不锈钢焊丝、铸铁焊丝和有色金属焊丝等。

2）按制造方法分，有实芯焊丝和药芯焊丝两大类，其中药芯焊丝又分为自保护焊丝和气体保护焊丝。实芯焊丝与药芯焊丝示意图如图3-3所示。

（a）　　　　　　　　　　　　　（b）

图3-3　实芯焊丝与药芯焊丝示意图

（a）实芯焊丝；（b）药芯焊丝

3）按焊接工艺方法分，有埋弧焊用焊丝、气体保护焊用焊丝、气焊焊丝、电渣焊焊丝和堆焊焊丝等。

2. 熔化极气体保护焊焊丝

目前，熔化极气体保护焊焊丝有实芯焊丝和药芯焊丝两类，实芯焊丝与药芯焊丝示意图如图3-2所示。实芯焊丝是把轧制的线材经过拉拔工艺制成的，为了防止焊丝表面生锈，除了不锈钢焊丝外，其他的焊丝都要进行表面处理，即在焊丝表面进行镀铜。

根据保护气体的不同，熔化极气体保护焊用焊丝以可分为 CO_2 气体保护焊用焊丝、MIG焊用焊丝和MAG焊用焊丝，对于 CO_2 气体保护焊用焊丝，因 CO_2 是一种氧化性气体，在电弧高温区可分解为一氧化碳和氧气，具有强烈的氧化作用，使合金元素烧损，所以采用 CO_2 焊时为了防止气孔、减少飞溅和保证焊缝较高的机械性能，必须采用含有 Si、Mn 等脱氧元素的焊丝。

药芯焊丝与实芯焊丝相比有以下优缺点：

（1）优点

1）对各种钢材的焊接，适应性强，调整焊剂的成分与比例极为方便和容易，可以提供所要求的焊缝化学成分。

2）工艺性能好，焊缝成形美观采用气渣联合保护，获得良好成形；加入稳弧剂使电弧稳定，熔滴过渡均匀。

3）熔敷速度快，生产效率高，在相同焊接电流下药芯焊丝的电流密度大，熔化速度快，其熔敷率为85%～90%，生产率比焊条电弧焊高3～5倍。焊接速度快，立焊、水平焊时，药芯焊丝的速度比实芯焊丝的焊接速度快约10%，特别是立焊和仰焊时，根据药粉的作用，可以使用高电流焊接，所以可以提高两倍以上的速度。

4）可用较大焊接电流进行全位置焊接。药芯焊丝因为产生充分的焊渣，覆盖在焊接部位上，所以适用于全位置的焊接。

5）药芯焊丝与实芯焊丝相比飞溅小，连续使用也不会堵塞焊枪嘴。

（2）缺点

1）熔敷效率低，药芯焊丝在焊接后因为产生大量的焊渣，所以熔敷效率约为88%，而实芯焊丝因为没有焊渣，故熔敷效率约为95%。

2）烟尘大，焊接环境差。

3）焊丝制造过程复杂，价格高。

4）焊丝外表容易锈蚀，粉剂易吸潮，因此对药芯焊丝保存管理的要求更为严格。

5）焊接时，送丝较实心焊丝困难。

3. 钨极氩弧焊焊丝

氩弧焊用焊丝主要分钢焊丝和有色金属焊丝两大类。钨极氩弧焊焊接时，一种方法可以不添丝自熔，熔化被焊母材；另一种要添加焊丝，电极熔化金属，同时焊丝熔入熔池，冷却后形成焊缝。

钨极氩弧焊焊丝有盘状和丝状两种形式，如图3-4所示。

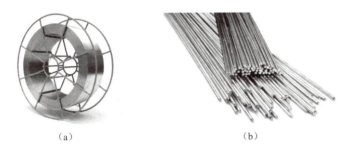

图 3-4　钨极氩弧焊焊丝

（a）盘状焊丝；（b）丝状焊丝

（三）表示方法

熔化极气体保护电弧焊用焊丝的型号按熔敷金属力学性能、焊后状态、保护气体种类和焊丝化学成分等进行划分。

1. 熔化极气体保护焊焊丝

（1）实芯焊丝表示方法

根据 GB/T 8110—2020《熔化极气体保护电弧焊用非合金钢及细晶粒钢实芯焊丝》，常用熔化极气体保护焊实芯焊丝的型号示例如下：

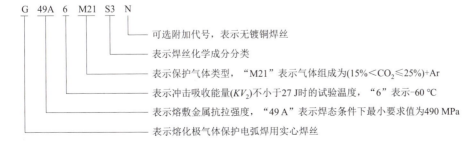

G　49A　6　M21　S3　N

可选附加代号，表示无镀铜焊丝
表示焊丝化学成分分类
表示保护气体类型，"M21"表示气体组成为(15%<CO_2≤25%)+Ar
表示冲击吸收能量(KV_2)不小于27 J时的试验温度，"6"表示-60 ℃
表示熔敷金属抗拉强度，"49 A"表示焊态条件下最小要求值为490 MPa
表示熔化极气体保护电弧焊用实心焊丝

（2）药芯焊丝表示方法

药芯焊丝相关标准见 GB/T 10045—2018《非合金钢及细晶粒钢药芯焊丝》、GB/T 17493—2018《热强钢药芯焊丝》、GB/T 36233—2018《高强钢药芯焊丝》、GB/T 17853—2018《不锈钢药芯焊丝》。

2. 钨极氩弧焊焊丝

钨极气体保护电弧焊用焊丝的型号按熔敷金属力学性能、焊后状态、保护气体种类和焊丝化学成分等进行划分，常用钨极气体保护电弧焊用焊丝的型号示例如下。

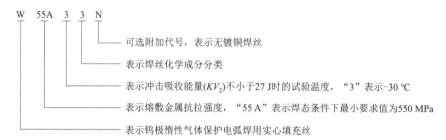

可选附加代号，表示无镀铜焊丝

表示焊丝化学成分分类

表示冲击吸收能量（KV_2）不小于27 J时的试验温度，"3"表示-30 ℃

表示熔敷金属抗拉强度，"55 A"表示焊态条件下最小要求值为550 MPa

表示钨极惰性气体保护电弧焊用实心填充丝

（四）选用与使用方法

1. 焊丝的选用

焊丝可按 GB/T 8110—2008《气体保护电弧焊用碳、低合金钢焊丝》和 YB/T 5092—2005《焊接用不锈钢焊丝》选用。焊丝选用要考虑的要素有力学性能、化学成分、焊接条件及成本等。

（1）根据被焊结构的钢种选择焊丝

对于碳钢及低合金高强钢，主要是按"等强匹配"的原则，选择满足力学性能要求的焊丝；对于耐热钢和耐候钢，主要侧重考虑焊缝金属与母材化学成分的一致或相似，以满足对耐热性和耐腐蚀性等方面的要求；对于低温钢，主要根据低温钢韧性选择焊丝。

（2）根据被焊部件的质量要求（特别是冲击韧性）选择焊丝

与焊接条件、坡口形状、保护气体混合比等工艺条件有关，要在确保焊接接头性能的前提下，选择达到最大焊接效率及降低焊接成本的焊接材料。

（3）根据现场焊接情况

自保护药芯焊丝的熔敷效率明显比焊条高，野外施焊的灵活性和抗风能力优于气体保护焊，通常可在四级风力下施焊。因为不需要保护气体，适于野外或高空作业，故多用于安装现场和建筑工地。

2. 焊丝的使用

1）焊前应清除焊丝表面的油、垢及锈等污物。

2）在焊接过程中，焊接线能量的大小直接影响焊缝金属的力学性能及抗裂性能等，焊接时应注意控制线能量。

3）TIG 焊焊丝是作为填充金属不断地向熔池中送进，送丝过程中应注意以下几点：

①焊丝送进时不宜用左手捏住焊丝的远端，仅靠左臂移动送进，这种方法送丝

时手易抖动。

②填充焊丝时，焊丝端头禁止与钨极接触，否则焊丝会被钨极污染，熔入熔池后形成夹钨。

③焊接中，焊丝不能脱离氩气保护区，以免灼热的焊丝端头被氧化，降低焊缝质量。

④连续送丝时，要求送丝速度应均匀、平直，不能在保护层搅动，以防空气进入焊接区。

三、气体

（一）物理化学特性

焊接用气体根据化学特性可分为：惰性气体，如 Ar、He（不与金属发生反应）；活性气体，如 CO_2、O_2、H_2、N_2（与金属发生反应），其中 CO_2、O_2 为氧化性气体，H_2、N_2 为还原性气体。

气体的电离能（导电性）、热导率、分解与结合、化学反应、气体密度、表面张力、气体纯度（杂质）对焊接过程有影响，其中气体的纯度、成分、比例、气体流量对应用的影响最为重要。不同气体特性及对焊接的影响见表3-6。

表3-6 不同保护气体特性及对焊接的影响

物理特性	Ar	CO_2	O_2	He	H_2	N_2	参数影响
密度/（kg·m^{-3}）	1.656	1.832	1.329	0.17	0.08	1.167	保护效果
热导率/[10^{-5} W·(cm·℃$^{-1}$)]	16.3	14.4	25	142	172	24	电弧能量密度，熔滴过渡稳定性
电离能/eV	15.7	13.8	13.6	24.6	15.4	15.6	电弧稳定性
气体活性	惰性	氧化性	氧化性	惰性	还原性	还原性	金属冶金反应

（二）选用与使用

焊接保护气体可以是一元气体，也有二元、三元混合气体。采用焊接保护气的目的在于提高焊缝质量，减少焊缝加热作用带宽度，避免材质氧化。一元气体有氩气、二氧化碳，二元混合气有氩和氧、氩和二氧化碳、氩和氮、氩和氢混合气。三元混合气有氦、氩、二氧化碳混合气。用混合气体代替单一气作为保护气体，可以有效地细化熔滴、减小飞溅、改善成形、控制熔深、防止缺陷，并可降低气孔倾向、提高生产率。

1. 一元气体

（1）CO_2 气体

1）纯度：纯度要求大于 99.5%，含水量小于 0.05%。

2）存储：瓶装液态，每瓶内可装入 25～30 kg 液态 CO_2。

3）加热：气化过程中大量吸收热量，因此流量计必须加热。

4）容量：每千克液态 CO_2 可释放 509 L 气体，一瓶液态二氧化碳可释放 15 000 L 左右气体，可使用 10～16 h。

气体流量主要决定于焊接电流，但与焊接速度、焊丝伸出长度及喷嘴直径、接头形式和环境也有关系。一般经验公式是，气体流量为焊丝直径的10倍。当采用大电流快速焊接，或室外焊接及仰焊时，应适当提高气体流量；角接接头气体流量小于对接接头气体流量。

气体流出的两种形式：层流和紊流，其对比示意图如图3-5所示。

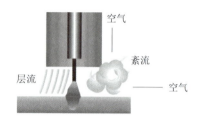

图3-5　层流和紊流保护效果对比示意图

层流：气体有序的流出。

紊流：气体无序的流出。

保护效果：层流好，紊流差。

形成条件：气体流量正常形成层流，气体流量太大形成紊流。

（2）氩气

1）作用：隔离空气并作为电弧的介质。

2）纯度：纯度应为99.99%。否则产生气孔、夹渣，焊接质量变差。

3）存储：瓶装气态，瓶内压力为150个大气压。

4）容量：气瓶容量为7 m³时可存储6 000~7 000 L气体。

2. 二元混合气体

实际生产中，根据需要，通常用两种或两种以上气体按一定比例组成的混合气体作为保护气体。

常用的二元混合气体有以下几种：

1）Ar+He：氩气的优点是电弧燃烧非常稳定、飞溅极小；氦气的优点是电弧温度高、母材金属热输入大、焊接速度快。以氩气为基体，加入一定数量的氦气即可获得两者所具有的优点。焊接大厚度铝及铝合金时，采用Ar+He混合气体可改善焊缝熔深、减少气孔和提高生产率。当板厚为10~20 mm时，加入体积分数为50%的He；当板厚大20 mm时，则加入体积分数为75%~90%的He。He占的比例一般为50%~75%（体积分数）。不同保护气体对焊缝成形的影响如图3-6所示。

图3-6　不同保护气体对焊缝成形的影响（碳钢）

2）Ar+H₂：在氩气中加入H₂可以提高电弧温度，增加母材金属的热输入。如用TIG电弧或等离子弧焊接不锈钢时，为了提高焊接速度，常在氩气中加入体积分数为4%~8%的H₂。利用Ar+H₂混合气体的还原性，可焊接镍及其合金，以抑制和

消除镍焊缝中的 CO 气孔，但加入的 H_2 含量（体积分数）必须低于 6%，否则会导致产生 H_2 孔。

3）$Ar+N_2$：在 Ar 中加入 N_2 后，电弧的温度比纯氩高，主要用于焊接铜及铜合金，这种混合气体与 Ar+He 混合气体相比较，优点是 N_2 来源多，价格便宜；缺点是焊接时有飞溅，并且焊缝表面较粗糙，焊接过程中还伴有一定的烟雾。另外在焊接双相不锈钢时，可在混合气体中加入 2%~3% 的 N_2 来提高接头耐点蚀和耐应力腐蚀的能力。

4）$Ar+O_2$ 混合气体有两种类型：一种含 O_2 量（体积分数）较低，为 1%~5%，用于焊接不锈钢；另一种含 O_2 量（体积分数）较高，可达 20% 以上，用于焊接低碳钢及低合金结构钢。在纯氩中加入体积分数为 1% 的 O_2 来焊接不锈钢时，可以克服纯 Ar 焊接不锈钢时电弧阴极斑点不稳定的现象（阴极飘移）。

5）$Ar+CO_2$：广泛应用于焊接碳钢及低合金结构钢，可以提高焊缝金属的冲击韧度、增加熔深和减小飞溅。不同保护气体对焊缝成形的影响如图 3-7 所示。$Ar+CO_2$ 是我国应用最广泛的焊接二元混合气体，$Ar+CO_2$ 混合气体的配比比例几乎可以是任何比例。例如，加 5% CO_2 的混合气用于低合金钢厚板全位置脉冲 MAG 焊，通常比加 2% O_2 时焊缝氧化少，并可改善熔深，气孔较少；Ar+（10%~20%）CO_2 用于碳钢、低合金钢窄间隙焊及薄板全位置焊和高速 MAG 焊；Ar+（21%~25%）CO_2 常用于低碳钢短路过渡焊；Ar+50% CO_2 用于高热输入深熔焊；Ar+70% CO_2 用于厚壁管的焊接等。

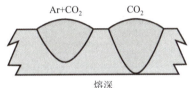

图 3-7　$Ar+CO_2$ 与 CO_2 保护气体对焊缝成型的影响（碳钢）

MIG/MAG 焊保护气体选择见表 3-7。

表 3-7　MIG/MAG 焊保护气体选择

金属类型	保护气体
碳钢或低合金钢	CO_2 或 Ar（80%）+CO_2（20%）
不锈钢	$Ar+O_2$（2%）
铝、镁、铜、钛、镍	Ar（薄、中件）或 Ar+He（中、厚件）

（三）型号编制方法

按照 GB/T 39255—2020《焊接与切割用保护气体》规定，保护气体型号用气体性质和组分等进行划分。

保护气体型号由三部分组成，见表 3-8 和表 3-9。

1）第一部分：表示保护气体的类型代号，由大类代号（见表 1）和小类代号（见表 2）构成。

2）第二部分：表示基体气体和组分气体的化学符号/代号（见表 3），按体积分数递减的顺序排列。

3）第三部分：表示组分气体的体积分数（公称值），按递减的顺序对应排列，

用"/"分隔。

表 3-8 保护气体的类型代号——大类代号

大类代号	气体化学性质
I	惰性单一气体和混合气体
MI，M2，M3	合氧气和/或二氧化碳的氧化性混合气体
C	强氧化性气体和混合气体
R	还原性混合气体
N	含氮气的低活性气体或还原性混合气体
O	氧气
Z	其他混合气体

表 3-9 保护气体的类型代号——小类代号

类型代号		气体组分含量（体积分数）/%					
大类代号	小类代号	氧化性		惰性		还原性	低活性
		CO_2	O_2	Ar	He	H_2	N_2
I	1	—	—	100	—	—	—
	2	—	—	—	100	—	—
	3	—	—	余量	$0.5 \leqslant CO_2 \leqslant 5$	—	—
MI	1	$0.5 \leqslant CO_2 \leqslant 5$	—	余量	—	$0.5 \leqslant CO_2 \leqslant 5$	—
	2	$0.5 \leqslant CO_2 \leqslant 5$	—	余量	—	—	—
	3	—	—	余量	—	—	—
	4	$0.5 \leqslant CO_2 \leqslant 5$	—	余量	—	—	—
M2	0	$5 \leqslant CO_2 \leqslant 15$	—	余量	—	—	—
	1	$15 \leqslant CO_2 \leqslant 25$	—	余量	—	—	—
	2	—	$3 \leqslant CO_2 \leqslant 10$	余量	—	—	—
	3	$0.5 \leqslant CO_2 \leqslant 5$	$3 \leqslant CO_2 \leqslant 10$	余量	—	—	—
	4	$5 \leqslant CO_2 \leqslant 15$	$0.5 \leqslant CO_2 \leqslant 3$	余量	—	—	—
	5	$5 \leqslant CO_2 \leqslant 15$	$3 \leqslant CO_2 \leqslant 10$	余量	—	—	—
	6	$15 \leqslant CO_2 \leqslant 25$	$0.5 \leqslant CO_2 \leqslant 5$	余量	—	—	—
	7	$15 \leqslant CO_2 \leqslant 25$	$3 \leqslant CO_2 \leqslant 10$	余量	—	—	—
M3	1	$25 < CO_2 \leqslant 50$	—	余量	—	—	—
	2	—	$10 < O_2 \leqslant 15$	余量	—	—	—
	3	$25 < CO_2 \leqslant 50$	$2 < O_2 \leqslant 10$	余量	—	—	—
	4	$5 < CO_2 \leqslant 25$	$10 < O_2 \leqslant 15$	余量	—	—	—
	5	$25 < CO_2 \leqslant 50$	$10 < O_2 \leqslant 15$	余量	—	—	—
C	1	100	—	—	—	—	—
	2	余量	$0.5 \leqslant CO_2 \leqslant 30$	—	—	—	—

续表

类型代号		气体组分含量（体积分数）/%					
大类代号	小类代号	氧化性		惰性		还原性	低活性
		CO_2	O_2	Ar	He	H_2	N_2
R	1	—	—	余量	—	$0.5 \leq H_2 \leq 15$	—
	2	—	—	余量		$15 < H_2 \leq 50$	
N	1	—	—	—	—	—	100
	2	—	—	余量	—		$0.5 \leq N_2 \leq 5$
	3	—	—	余量	—		$5 < N_2 \leq 50$
	4	—	—	余量	—	$0.5 \leq H_2 \leq 10$	$0.5 \leq N_2 \leq 5$
	5	—	—	—	—	$0.5 \leq H_2 \leq 50$	余量
O	1	—	100				
Z		其他混合气体					

四、钨极

（一）对电极材料的要求

钨极氩弧焊电极材料的作用是引燃电弧并维持电弧的稳定燃烧；材料具有较小的逸出功，发射电子能力强，引弧性能好；耐高温，承载能力强；磨削加工性能好；放射性小。

（二）种类

目前所用的钨极材料见表3-10。

表3-10 钨极种类及特性

种类	牌号	特性
纯钨极	W1（99.92%） W2（99.85%）	含钨量大于或等于99.5%，是使用历史最长的一种非熔化电极。但其有一些缺点：一是电子发射能力较差，要求电源有较高的空载电压；二是抗烧损性差，使用寿命较短，需要经常更换重磨钨极端头。但在交流电焊接中表现出色，利用其破碎氧化膜作用好的特点，目前主要用于交流电焊接铝、镁及其合金
钍钨极	WTh	在钨中加入一定量的氧化钍（ThO_2）后就成为钍钨极。其电子发射能力高，所需电弧电压低，引弧容易而且稳定，大大延长了钨极的使用寿命。但氧化钍（THO_2）有放射性。通常用于直流电焊接碳钢、不锈钢、镍和钛等金属
铈钨极	WCe	在钨中加入2%以下的氧化铈（CeO），就制成了铈钨极。其主要特点是：有微量放射性，许用电流增大，热电子发射能力强，电弧稳定，热量集中，使用寿命长，端头形状易于保持

续表

种类	牌号	特性
镧钨电极	WLa	在交流电焊接中表现出色。同时，因为在焊接过程中电极末端呈球状，抗污染能力很强，故非常适用于焊缝不得受严重污染的场合
锆钨电极	WZr	在交流电环境下，焊接性能良好，尤其是在高负载电流的情况下表现出来的优越性能是其他电极不可替代的。在焊接时，锆钨电极的端部能保持成圆球状而减少渗钨现象，并具有良好的抗腐蚀性
钇钨及复合电极	WY	钇钨电极在焊接时，弧束细长，压缩程度大，在中、大电流时熔深比较大，目前应用于军事工业和航空航天工业。复合多元钨电极是在钨基中添加两种或两种以上的稀土氧化物，各种添加元素相得益彰，互为补充，使复合多元钨电极性能出众

（三）标志

按照 GB/T 32532—2016《焊接与切割用钨极》，常用电极材料端部颜色用不同的颜色区别。钨极标志见表 3-11。

表 3-11　钨极标志

焊接方法	电极材质	型号	标志颜色
直流 TIG 焊接	2% 氧化钍钨（钍）	$WThO_2$	红色
	2% 氧化铈钨（铈）	$WCeO_2$	灰色
	2% 氧化镧钨（镧）	$WLaO_2$	黄绿色
交流 TIG 焊接	2% 氧化钍钨（钍）	$WThO_2$	红色
	2% 氧化铈钨（铈）	$WCeO_2$	灰色
	纯钨（纯钨）	WP	绿色

（四）许用电流

电流容量：钨极载流能力与电极材料、电流种类和极性、电极伸出长度等有关。对于一定直径的钨极均存在一个许用电流，当电流超过许用电流时，会使钨极强烈发热、熔化和蒸发，电弧也不稳，影响焊接质量，导致焊缝产生气孔、夹钨等缺陷。在许用电流允许的情况下应选用细直径钨极，以提高电流密度。钨极的许用电流范围见表 3-12。

表 3-12　钨极直径与许用电流

钨极直径/mm	焊接电流/A					
	交流		直流正接		直流反接	
	纯钨	其他钨极	纯钨	其他钨极	纯钨	其他钨极
0.5	2~15	2~15	2~20	2~20		

续表

钨极直径/mm	焊接电流/A					
	交流		直流正接		直流反接	
	纯钨	其他钨极	纯钨	其他钨极	纯钨	其他钨极
1.0	15~55	15~70	10~75	10~75		
1.6	45~90	60~125	40~130	60~150	10~20	10~20
2.0	65~125	80~160	75~180	100~200	15~25	15~25
2.4	80~140	120~210	120~220	160~240	17~30	17~30
3.2	150~190	150~250	160~310	220~330	20~35	20~35
4.0	180~260	240~350	270~450	350~480	35~50	35~50
4.8	220~320	320~450	380~620	500~650	50~70	50~70

（五）端头形状

1. 钨极端部形状与电源种类及电流大小

钨极端部有圆锥形［见图3-8（a）和图3-8（b）］、圆台形［见图3-8（c）］和球形三种［见图3-8（d）］，如图3-8所示。

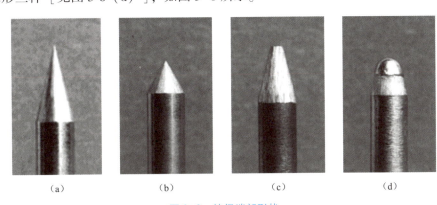

（a）　　　　　（b）　　　　　（c）　　　　　（d）

图3-8　钨极端部形状

（a）直流小电流焊接；（b）直流中等电流焊接；（c）直流大电流焊接；（d）交流焊接

钨极端部形状与电流种类有很大的关系，小电流焊接时，选用小直径钨极和小的端部角度；中等电流焊接时，适当加大钨极尖端角度；大电流焊接时，钨极端部为圆台形，这样可以增大钨极端部的角度，避免端部过热熔化。当采用交流电时，应选择球形端部。

1）200 A以下直流焊接时，电极前端角度为30°~50°，电弧吹力强，熔深大。

2）电流超过250 A后，电极前端会产生熔化损失，焊前会把电极前端磨出一定尺寸的平台。

3）电流超过350 A后，不论电极开始是何种形状，一旦电弧引燃，钨极前端熔化，自然会形成半球形。

2. 端部形状对焊缝成形的影响

钨极端部形状对焊缝成形影响的结果如图3-9所示。

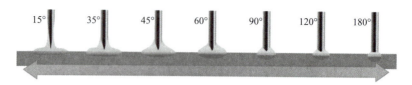

图3-9 钨极端部形状对焊缝成形影响示意图

知识拓展 NEWS

钨极端部角度较小时有以下特点：引弧容易，电弧稳定，钨极寿命短，适合小电流焊接，焊缝宽，熔深浅。

钨极端部角度较大时有以下特点：引弧困难，电弧易飘，钨极寿命长，适合大电流焊接，焊缝窄，熔深大。

（六）打磨方法

用手工在普通的砂轮机上打磨，砂轮颗粒大，振动强，同时由于没有固定装置，钨极尖端很难保证均匀成形，这就会造成焊接电弧漂移、不稳定，焊接表面成形不美观，易形成焊接缺陷。因此钨极打磨应用专用设备，且应采用正确的打磨方法。钨极打磨方法示意图如图3-10所示。

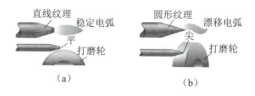

图3-10 钨极打磨方法示意图
（a）正确的打磨方法；（b）错误的打磨方法

（七）极性选用

钨极氩弧焊时，不同的材料选用不同的极性。常用金属材料焊接钨极极性选用见表3-13。

表3-13 常用金属材料焊接钨极极性选用

被焊材料种类	直流正接	直流反接	交流
Al（厚度小于2.5 mm）	2	2	1
Al（厚度大于2.5 mm）	2	3	1
镁及合金	3	2	1
碳钢及低碳钢	1	3	3
不锈钢	1	3	3
铜	1	3	3

续表

被焊材料种类	直流正接	直流反接	交流
青铜	1	3	2
铝青铜	2	3	1
硅青铜	1	3	3
镍及合金	1	3	2
钛	1	3	2

注：1—最佳的极性匹配；
2—良好的极性匹配；
3—不推荐的极性匹配

（八）污染钨极的识别

几种常见钨极污染的事例见表3-14。

表3-14　钨极污染的事例

被污染的钨极表面形状	污染原因	备注
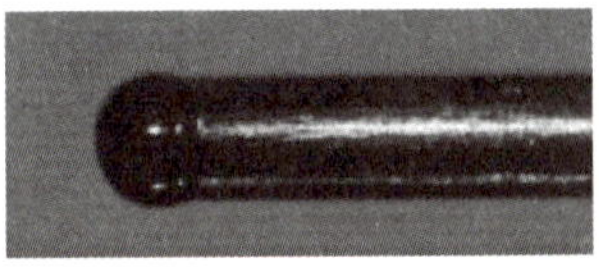	滞后停气时间不足	钨极被氧化成蓝色或紫色
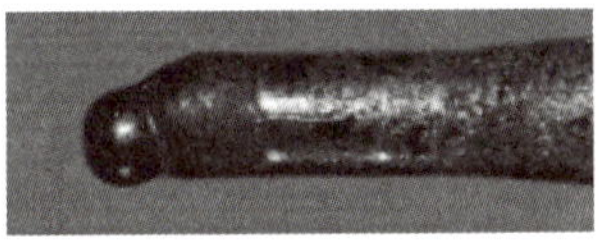	焊丝接触是钨极	铝合金焊接
	钨极接触工件引起的烧损	铝合金焊接
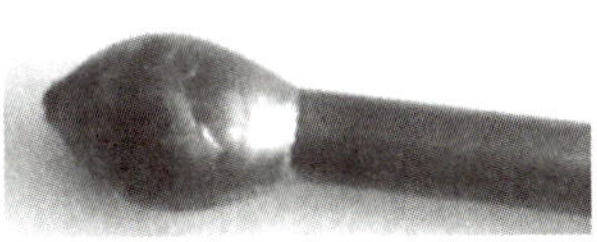	焊接电流大引起的烧损	不锈钢焊接

五、焊剂

（一）作用

焊剂是在焊接时能够熔化形成熔渣和（或）气体，对熔化金属起保护和冶金物理化学作用的一种物质。焊剂由大理石、石英、萤石等矿石和钛白粉、纤维素等化学物质组成。焊剂主要用于埋弧焊和电渣焊。用以焊接各种钢材和有色金属时，必须与相应的焊丝合理配合使用，才能得到满意的焊缝。焊剂的作用如下：

1）保护作用：起着隔离空气、保护焊缝金属不受空气侵害的作用。

2）冶金作用：通过与熔池金属的化学反应，对焊缝进行脱氧、硫和磷，掺合金。

3）工艺作用：根据焊接工艺的需要，要求焊剂具有良好的稳弧性能，形成的熔渣具有合适的密度、黏度、颗粒度和透气性，以保证焊缝获得良好的成形，最后熔渣凝固形成的渣壳具有良好的脱渣性能。

（二）分类

1. 根据制造方法分类

熔炼焊剂和非熔炼焊剂，其中非熔炼焊剂又可分为粘接焊剂和烧结焊剂。

（1）熔炼焊剂

熔炼焊剂是指把配制好的原料在高温炉中熔炼，然后经过水冷粒化、烘干、筛选而制成的一种焊剂。

（2）非熔炼焊剂

1）粘接焊剂是将一定比例的各种粉状配料加入适当的黏接剂，然后经过混合搅拌、粒化和低温烘干（一般在 500 ℃ 左右）而制成的一种焊剂。

2）烧结焊剂是将一定比例的各种粉状配料加入适当的黏接剂，经过混合搅拌后，在高温（一般在 750 ℃ ~ 1 000 ℃）下烧结成块，然后粉碎筛选而制成的一种焊剂。

熔炼焊剂和烧结焊剂性能对比。

熔炼焊剂的特点是：成分均匀，颗粒强度高，几乎没有吸潮性，易储存，但对铁锈比较敏感，同时易粘渣，几乎不能通过焊剂向熔敷金属补充合金元素（因为熔炼过程中烧损十分严重），是目前国内应用最多的焊剂（制造过程耗能大，污染严重）。

烧结焊剂的特点是：因没有高温熔炼过程，故焊剂中可以加入脱氧剂和铁合金，向焊缝过渡大量合金成分，补充焊丝中合金元素的烧损，常用来焊接高合金钢或进行堆焊。另外，烧结焊剂脱渣性能好，所以大厚度焊件窄间隙埋弧焊时均用烧结焊剂。但烧结焊剂的吸潮性强，不易储存。

2. 根据碱性度分类

碱性度：

$$B1 = 碱性成分的质量分数（CaO，MgO，MnO，FeO，Na_2O\%）/$$
$$酸性成分的质量分数（SiO_2，TiO_2，Al_2O_3\%）$$

$B1>1$，碱性熔渣；$B1<1$，酸性熔渣；$B1 = 1$，中性熔渣。

3. 根据化学成分分类

（1）按 SiO_2 含量分

高硅焊剂（SiO_2 大于 30%）；中硅焊剂（SiO_2 10% ~ 30%）；低硅焊剂（SiO_2 小于 10%）。

（2）按 MnO 含量分

高锰焊剂（MnO 大于 30%）；中锰焊剂（MnO 15%~30%）；低锰焊剂（MnO 2%~15%）；无锰焊剂（MnO 小于 2%）。

（3）按 CaF_2 含量分

高氟焊剂（CaF_2 大于 30%）；中氟焊剂（CaF_2 10%~30%）。

（三）表示方法

1. 型号表示方法

按照 GB/T 36037—2018《埋弧焊和电渣焊用焊剂》标准，焊剂型号用焊接方法、制造方法、焊剂类型和适用范围划分。

焊丝—焊剂组合的型号编制方法如下：字母"F"表示焊剂；第一位数字表示焊丝—焊剂组合的熔敷金属抗拉强度的最小值，见表 3-15；第二位字母表示试件的热处理状态，"A"表示焊态，"P"表示焊后热处理状态；第三位数字表示熔敷金属冲击吸收功不小于 27 J 时的最低试验温度，见表 3-16；"-"后面表示焊丝的牌号，焊丝的牌号按 GB/T 14957—1994 执行。

表 3-15 熔敷金属拉伸试验结果（第一位数字含义）

焊剂型号	抗拉强度/MPa	抗拉强度/MPa	伸长率/%
F××4-H×××	415~550	≥330	≥22
F××5-H×××	480~650	≥400	≥22

表 3-16 熔敷金属冲击试验结果（第三位数字含义）

焊剂型号	冲击吸收功/J	试验温度/℃
F××0-H×××		0
F××2-H×××		-20
F××3-H×××		-30
F××4-H×××	≥27	-40
F××5-H×××		-50
F××6-H×××		-60

完整的焊丝—焊剂型号示例如下：

2. 牌号表示方法

焊剂牌号是焊剂的商品代号，其编制方法与焊剂型号不同，它所表征的是焊剂的主要化学成分。

（1）熔炼焊剂

熔炼焊剂的牌号由字母"HJ"和3位数字组成，编制方法如下：

1）牌号前两个字母"HJ"表示埋弧焊和电渣焊用熔炼焊剂。

2）牌号的第一位数字表示焊剂中MnO的含量，见表3-17。

3）牌号的第二位数字表示焊剂中SiO_2、CaF_2的含量，见表3-18。

4）牌号的第三位数字表示同一类型焊剂的不同牌号，按0、1、2、…、9顺序编排。

5）对于同一牌号焊剂生产两种粒度时，在细颗粒焊剂牌号后面加"×"区分。

表3-17　熔炼焊剂牌号中第一位数字的含义

牌号	焊剂类型	氧化锰含量/%
HJ1××	无锰	MnO<2
HJ2××	低锰	MnO 2~15
HJ3××	中锰	MnO 16~30
HJ4××	高锰	MnO>30

表3-18　熔炼焊剂牌号中第二位数字的含义

牌号	焊剂类型	二氧化硅及氟化钙的含量/%
HJ×1×	低硅低氟	$SiO_2<10$，$CaF_2<10$
HJ×2×	中硅低氟	$SiO_2=10~30$，$CaF_2<10$
HJ×3×	高硅低氟	$SiO_2>30$，$CaF_2<10$
HJ×4×	低硅中氟	$SiO_2<10$，$CaF_2=10~30$
HJ×5×	中硅中氟	$SiO_2=10~30$，$CaF_2=10~30$
HJ×6×	高硅中氟	$SiO_2>30$，$CaF_2=10~30$
HJ×7×	低硅高氟	$SiO_2<10$，$CaF_2>30$
HJ×8×	中硅高氟	$SiO_2=10~30$，$CaF_2>30$
HJ×9×	其他	—

熔炼焊剂牌号示例如下：

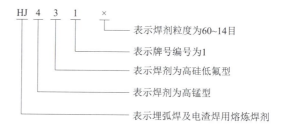

（2）烧结焊剂

国产烧结焊剂的牌号表示方法见表3-19。

表 3-19　国产烧结焊剂的牌号表示方法

焊剂牌号	熔渣类型	主要组成范围
SJ1××	氟碱型	$CaF_2 \geq 15\%$，$CaO+MgO+MnO+CaF_2>50\%$，$SiO_2 \leq 20\%$
SJ2××	高铝型	$Al_2O_3 \geq 20\%$，$Al_2O_3+CaO+MgO\ 45\%$
SJ3××	硅钙型	$CaO+MgO+SiO_2>60\%$
SJ4××	硅锰型	$MnO+SiO_2>50\%$
SJ5××	铝钛型	$Al_2O_3+TiO_2>45\%$
SJ6××	其他型	

（四）选用原则

焊剂选用的依据是被焊材料的类别及焊接接头性能的技术要求。

1）在焊接低碳钢和强度等级较低的低合金钢时，应按等度原则选用与母材相匹配的焊接材料。高锰高硅焊剂（如 HJ431、HJ433、HJ430）+低碳钢焊丝（如 H08A）或含锰的焊丝（如 H08MnA）中锰、低锰或无锰焊剂+含锰量较高的焊丝（如 H08MnA、H10Mn2）相配合。

2）在焊接低合金高强钢时，除要使焊缝与母材等强度外，还要特别注意保证焊缝的塑性和韧度。中锰中硅或低锰中硅型焊剂，配合相应的合金钢焊丝。当焊接强度级别比较高的钢时，为了得到高韧度，一般选用碱度高的烧结焊剂。

（五）使用方法

1. 焊剂的烘干

焊剂使用前，必须烘干以清除水分，放入炉内烘干时，堆积高度不超过 50 mm，部分焊剂烘干温度和时间见表 3-20。

表 3-20　部分焊剂烘干温度和时间

焊剂牌号	熔渣类型	烘干温度/℃	烘干时间/h
HJ130	无锰高硅低氟	250	2
HJ251	低锰中硅中氟	300~350	2
HJ351	中锰中硅中氟	300~400	2
HJ431	高锰高硅低氟	200~300	2
SJ105	氟碱型	300~350	2

2. 焊剂的现场治理及回收处置控制

施焊部位应清理干净，切忌把杂物混进焊剂中，包括焊剂垫用焊剂要按规定发放，最好在 50 ℃左右待用，及时做好焊剂的回收，避免被污染；连续多次使用的焊剂采用 8 目和 40 目的筛子分别过筛并清除杂质和细粉，与三倍的新焊剂混匀后使用。使用前必须在 250 ℃~350 ℃烘干并保温 2 h，烘干后置于 100 ℃~150 ℃保温箱保存，以备下次再用，禁止在露天存放。

3. 焊剂粒度和堆散高度的控制

焊剂层太薄或太厚都会在焊缝表面引起凹坑、斑点及气孔，形成不平滑的焊道

外形，焊剂层的厚度要严格控制在 25～40 mm。当使用烧结焊剂时，由于密度小，故焊剂堆高比熔炼焊剂高出 20%～50%。

项目实施

任务工单三

组名：	组员：	学号：	组内评价：	成绩：

任务描述： 认识焊接材料

目的：（1）掌握焊条的组成、表示方法与选用原则，并具有正确选用和使用焊条的能力。

（2）掌握焊丝的种类、表示方法与选用原则，并具有正确选用和使用焊丝的能力。

（3）掌握保护气体的特性、选用原则，并具有正确选用和使用保护气体的能力。

（4）掌握钨极的特性、标志，并具有正确选用和使用钨极的能力。

（5）了解埋弧焊焊剂的作用、分类、选用与使用方法。

任务实施：

1. 在教师的指导下，让学生查找焊条、焊丝、保护气体、钨极等专业标准，并进行学习。

2. 利用焊接性试验，分析总结酸性焊条与碱性焊条的差别。

检查与评估

反馈信息描述	产生问题的原因	解决问题的方法	评估结果

指导教师评语：

指导教师签字： 　　　　　　　　　　　　　　　　日期：　　年　　月　　日

项目拓展

1. 利用焊接试验的方法，探究 Q355 熔化极气体保护焊时，采用二氧化碳与混合气体（80% 氩气+20% 二氧化碳）的区别。

2. 利用焊接试验的方法，探究并总结实芯焊丝与药芯焊丝的区别。

3. 利用焊接试验的方法，探究并总结熔炼焊剂与烧结焊剂的区别。

项目练习

一、选择题

1. （　　）是不锈钢焊条。

A. E5015　　　　　　B. E4303　　　　　　C. E308L　　　　　　D. Z308

2. GB/T 5117—2012《非合金钢及细晶粒钢焊条》中不包括（　　）。

A. 碳钢焊条　　　　B. 镍钢焊条　　　　C. 耐候钢焊条　　　　D. 铬钼钢焊条

3. E5015 焊条中的 50 代表（　　）。

A. 熔敷金属抗拉强度最小值　　　　　B. 熔敷金属抗拉强度平均值

C. 熔敷金属抗拉强度最大值　　　　　D. 焊接接头抗拉强度最小值

4. 碱性焊条的烘干温度为（　　）。

A. 50 ℃~150 ℃　　B. 150 ℃~250 ℃　　C. 250 ℃~300 ℃　　D. 300 ℃~400 ℃

5. 对钨极材料的基本要求是（　　）。

A. 材料具有较大的逸出功，发射电子能力强

B. 耐高温、承载能力强

C. 磨削加工性能好

D. 放射性小

6. （　　）是铈钨极。

A.

B.

C.

D.

7. 如图所示，电弧飘移的原因是（　　）。

A. 焊接电流太大　　　　　　B. 钨极打磨不正确

C. 电弧电压过高　　　　　　D. 极性不正确

8. （　　）是由于滞后停气时间不足造成的钨极污染。

A.

B.

C. 　　　　　　　　　D.

9. 要获得宽而浅的焊缝，电极前端角度为（　　　　）。

A. 15°　　　　　　B. 30°　　　　　　C. 60°　　　　　　D. 90°

10. Ar+CO_2 混合气体与 CO_2 保护焊相比，不具有的特点是（　　　　）。

A. 生产成本低　　　　　　　　　　B. 可以提高焊缝金属的冲击韧度

C. 增加熔深和减小飞溅　　　　　　D. 增加焊缝金属的流动性，有利于成形

11. （　　　　）保护气体的电弧穿透能力最强。

A. CO_2　　　　　　B. Ar　　　　　　C. He　　　　　　D. Ar+CO_2

12. 熔化极气体保护焊焊接不锈钢最好选用（　　　　）保护气体。

A. Ar+CO_2　　　　B. Ar　　　　　　C. Ar+O_2　　　　D. CO_2

13. 钨极氩弧焊焊接铝合金时，氩气的纯度至少要达到（　　　　）。

A. 99.0%　　　　　B. 99.9%　　　　　C. 99.99%　　　　D. 99.999%

14. 满瓶氩气在标准情况下的内压力为（　　　　）个大气压。

A. 30　　　　　　B. 50　　　　　　C. 100　　　　　　D. 150

15. 熔炼焊剂不具有的特点是（　　　　）。

A. 颗粒强度高　　　　　　　　　　B. 成分均匀

C. 吸水性小、易储存　　　　　　　D. 合金含量高

二、判断题

1. 图中钨极的打磨方式是错误的。　　　　　　　　　　　　　　　　（　　　）

2. 图中钨极是由于焊接电流太大造成的。　　　　　　　　　　　　　（　　　）

3. 酸性焊条适用于对塑性、冲击韧性和抗裂性能要求较高的场合。　　（　　　）

4. 在焊丝表面进行镀铜的主要目的是防止生锈，同时也增加了焊丝的导电性。

（　　　）

5. 角接接头气体流量大于对接接头气体流量。　　　　　　　　　　　（　　　）

6. 焊剂层太薄或太厚都会在焊缝表面引起凹坑、斑点及气孔。　　　　（　　　）

7. 气体流量正常形成紊流，气体流量太大形成层流。　　　　　　　　（　　　）

8. 焊剂使用前必须在 250 ℃~350 ℃烘干并保温 2 h，烘干后置于 100 ℃~150 ℃保温箱保存。　　　　　　　　　　　　　　　　　　　　　　　（　　）

9. 焊接大厚度铝及铝合金时，采用 Ar+He 混合气体的效果比纯 Ar 效果差。

（　　）

10. 在同样的条件下，碱性焊条焊接时的烟尘量比酸性焊条大。（　　）

三、简答题

1. 如何正确保管焊条？

2. 二元保护气体相比于一元保护气体有什么优点？

3. 钨极端部形状对焊缝成形有什么影响？

项目四　焊接接头与焊接位置

项目分析

　　焊接工艺不仅会影响焊接质量，而且对焊接效率也有重要影响，焊接接头与焊接位置作为焊接工艺的基础内容，对于焊接生产至关重要，本项目介绍了焊接接头与焊接位置知识，对后续学习奠定了基础。

学习目标

知识目标

- 掌握焊接接头的类型、组成及相关专业术语。
- 掌握坡口类型、作用和选用原则。
- 掌握焊缝定义、类型及相关专业术语。
- 掌握焊接位置的定义，熟悉各种焊接位置的工艺代号。

技能目标

- 能正确识别焊接接头及坡口，并能灵活应用相关专业术语。
- 能正确识别不同种类的焊缝，具有正确测量焊缝形状、尺寸的能力。
- 能正确识别各种焊接位置。

素质目标

- 培养学生踏实严谨、吃苦耐劳、追求卓越的优秀品质。
- 培养学生发现问题、分析问题和解决问题的能力。

知识链接

一、焊接接头

（一）类型

焊接接头是指由焊接方法连接而成的接头，基本的焊接接头类型见表4-1。

表 4-1　基本焊接接头类型

序号	名称	示意图	典型焊缝	说明
1	对接接头			两件表面构成大于或等于 135°、小于或等于 180° 夹角的接头
2	角接接头			两件端部构成大于 30°、小于 135° 夹角的接头
3	T 形接头			一件的端面与另一件表面构成直角或近似直角的接头
4	搭接接头			两件部分重叠构成的接头
5	端接接头			两件重叠放置或两件表面之间的夹角不大于 30° 构成的端部接头

其中，角接接头又可分为外角接接头和内角接接头，如图 4-1 所示。

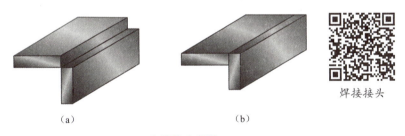

焊接接头

（a）　　　　　　　　　　（b）

图 4-1　角接接头类型

（a）外角接接头；（b）内角接接头

此外，还有一些其他类型的焊接接头，如表 4-2 所示。

表 4-2　其他类型的焊接接头

序号	名称	示意图	说明
1	套管接头		将一根直径稍大的短管套于需要被连接的两根管子的端部构成的接头

续表

序号	名称	示意图	说明
2	盖板接头		两板件对接放置，利用盖板搭接，施焊后形成的接头
3	双盖板接头		对接放置的板件两面均有盖板搭接，施焊后形成的接头
4	十字接头		三个件装配成"十字"形的接头
5	斜对接接头		接缝在焊件平面上倾斜布置的对接接头
6	斜T形接头		两板件倾斜相交，不成直角的T形接头
7	卷边接头		待焊件端部预先卷边，焊后卷边只部分熔化的接头
8	锁底对接接头		一个件的端部放在另一件预留底边上所构成的接头
9	三连接头		同时连接三个板件的T形接头

根据两焊件之间是否留有间隙，焊接接头还可以分为有间隙接头和无间隙接头。

（二）组成

电弧焊接头组成：由焊缝区、熔合区、热影响区组成，其组成示意图如图4-2所示。

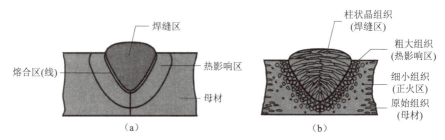

图4-2　电弧焊接头组成示意图

焊缝区：接头金属及填充金属熔化后，又以较快的速度冷却凝固后形成。焊缝组织是从液体金属结晶的铸态组织，晶粒粗大，成分偏析，组织不致密。但是，由于焊接熔池小，冷却快，化学成分控制严格，碳、硫、磷都较低，还通过渗合金调整焊缝化学成分，使其含有一定的合金元素，因此，焊缝金属的性能问题不大，可以满足性能要求，特别是强度容易达到。

熔合区：熔化区和非熔化区之间的过渡部分。熔合区是焊接接头中焊缝金属与热影响区的交界。熔合区化学成分不均匀，组织粗大，往往是粗大的过热组织或粗大的淬硬组织，其性能常常是焊接接头中最差的。熔合区一般很窄，宽度为 0.1 ~ 0.4 mm。

热影响区：被焊缝区的高温加热造成组织和性能改变的区域。

（三）坡口

1. 定义及类型

根据设计和工艺需要，在待焊接区域加工一定形状的沟槽，称为坡口。坡口的几何尺寸有以下几种：

1）坡口角度：两坡口面之间的夹角，用 α 表示。

2）坡口面角度：焊件待加工坡口的端面与坡口面之间的夹角，用 β 表示。

3）坡口深度：从焊根棱边或钝边的起始位置到母材表面的垂直距离。

4）根部间隙：确保焊缝根部焊透，用 b 表示。

5）钝边：防止焊缝根部烧穿。

6）根部半径：在加工 U 形坡口时，加大根部空间，确保焊透。

7）坡口面：焊件上所开坡口的表面。

坡口示意图如图 4-3 所示，与坡口有关的专业术语示意图如图 4-4 所示。

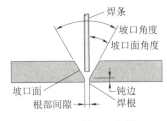

图 4-3 坡口示意图

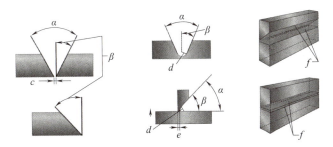

图 4-4 焊接坡口常用的相关专业术语示意图

α—坡口角度；β—坡口面角度；c—根部间隙；d—根部半径；e—钝边；f—坡口面

知识拓展 **NEWS**

接头根部：焊件接合部位彼此最接近的那一部分，如图4-5所示。

焊根：焊缝背面与母材的交界处，如图4-5所示。

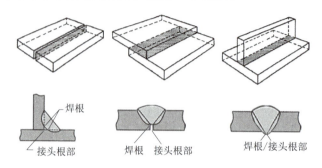

图4-5　接头根部及焊根

坡口有单面和双面之分，其中单面坡口有I形、J形、V形、单V形、U形、喇叭形、单边喇叭形之分，双面坡口有K形、双J形、X形、双U形之分。坡口种类如图4-6所示。

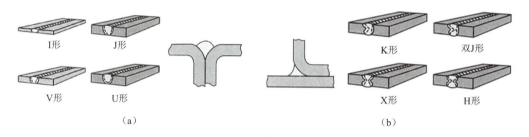

图4-6　坡口种类

（a）单面坡口；（b）双面坡口

2. 作用

（1）坡口作用

保证焊透。坡口对焊接质量与焊接操作有重要影响，其中坡口角度、钝边和根部间隙影响最大，所以有人将坡口角度、钝边和根部间隙称为坡口"三要素"，对于焊条电弧焊通常情况下三者的尺寸见表4-3。在具体焊接操作时，三者变化关系如下：

表4-3　焊条电弧焊焊接接头准备"三要素"尺寸

项目	示意图	通常尺寸
坡口角度		50°~70°
钝边尺寸		1.5~2.5 mm
根部间隙		2~4 mm

当坡口角度太大时，应缩小根部间隙和加大钝边；当坡口角度太小时，应增大根部间隙和减小钝边。

知识拓展 NEWS!

坡口"三要素"不仅会影响焊接生产效率（坡口角度），而且会影响焊接的可达性、焊接变形的大小、焊缝背面的熔透情况等，因此焊接技术人员与焊接操作者应熟悉坡口"三要素"对焊接的影响，其影响规律为坡口角度增大时，焊接电流应增大；当钝边增大时，焊接电流应增大；当间隙增大时，焊接电流应减小。钝边与间隙对熔透情况的影响如图4-7所示。

图4-7　钝边与间隙对熔透情况影响示意图

（2）根部半径作用

增大坡口根部的横向空间，使焊条能够伸入根部，促使根部焊接；坡口面根部半径处加工困难，因而限制了此种坡口的大量推广应用。V形与U形坡口的对比如图4-8所示。

图4-8　V形与U形坡口的对比

3. 开坡口的原则

1）尽量减少填充金属量。

2）坡口形状容易加工。

V形坡口比U形坡口加工容易。

3）便于焊工操作和清渣。

4）焊后应力和变形尽可能小。

常用坡口比较见表4-4。

表4-4　常用坡口比较

坡口形式	加工条件	金属填充量	焊件翻转	焊接变形
V	方便	较多	不需要	大
U	不方便	少	不需要	小
X	方便	较少	需要	较小

4. 坡口的加工方法

坡口的加工方法主要有氧-乙炔火焰或氧-液化石油气火焰切割、等离子弧气

刨、碳弧气刨、刨削、车削等。

（四）常用接头的主要坡口形式

1. 对接接头

对接接头常用坡口形式如图4-9所示。

图4-9　对接接头常用坡口形式

（a）V形；（b）单边V形；（c）K形；（d）带钝边V形；（e）X形；（f）J形；
（g）双面J形；（h）U形；（i）双面U形；（j）单边形

2. 角接接头

角接接头常用坡口形式如图4-10所示。

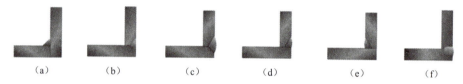

图4-10　角接接头常用坡口形式

（a）I形（内角接）；（b）I形（外角接）；（c）V形；（d）单边V形（外角接）；
（e）单边V形（内角接）；（f）U形（外角接）

3. T形接头

T形接头常用坡口形式如图4-11所示。

图4-11　T形接头常用坡口形式

（a）I形；（b）单边V形；（c）K形；（d）J形；（e）单边喇叭形

4. 搭接接头

搭接接头常用坡口形式如图4-12所示。

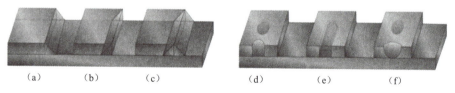

图4-12　搭接接头常用坡口形式

（a）I形；（b）单边V形；（c）组合形；（d）I形（塞焊）；（e）I形（槽焊）；（f）I形（点焊）

5. 端接接头

端接接头常用坡口形式如图 4-13 所示。

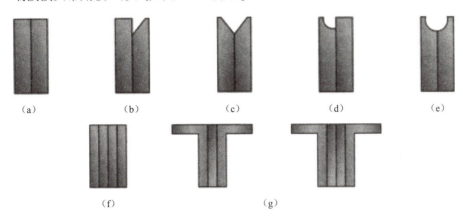

（a） （b） （c） （d） （e）

（f） （g）

图 4-13　端接接头常用坡口形式

（a）I 形；（b）单 V 形；（c）V 形；（d）J 形；（e）U 形；（f）I 形（多块板）；（g）I 形（卷边）

二、焊缝

（一）定义及类型

焊件经焊接后所形成的接合部分。

1. 从接合情况分

焊缝共有 10 种，分别是对接焊缝（Groove Welds）、角焊缝（Fillet Welds）、槽焊缝与塞焊缝（Plug and Slot Welds）、点焊缝（Spot Welds）、缝焊缝（Seam Welds）、凸焊缝（Projection Welds）、螺柱焊缝（Stud Welds）、端接焊缝（Edge Welds）、堆焊焊缝（Surfacing Welds）和封底焊缝（Back and Backing Welds），其中对接焊缝和角焊缝是两种最基本的类型。

对接焊缝：在焊件的坡口间或一零件的坡口面与另一零件表面间焊接的焊缝。

角焊缝：在搭接、T 形、角接接头中连接两个近似为直角的两个面，而形成的截面近似为三角形的焊缝。

2. 从熔透情况分

从熔透情况分，可分为全焊透焊缝和未焊透焊缝，见表 4-5。

表 4-5　焊缝类型

分类	示意图	备注
全焊透焊缝		CJP（Complete Joint Penetration Weld）为缩写
未焊透焊缝		PJP（Partial Joint Penetration Weld）为缩写

3. 从焊缝的连续情况分

从焊缝的连续情况分，可分为连续焊缝与断续焊缝，其中对于断续角焊缝，又可分为并列断续角焊缝与交错断续角焊缝，如图4-14所示。

（a）　　　　　　　　　　　（b）

图4-14　断续角焊缝分类

（a）对称焊缝；（b）交错焊缝

4. 从焊接位置分

对于对接接头，按施焊时焊缝在空间所处位置分为平焊焊缝、横焊焊缝、立焊焊缝及仰焊焊缝四种形式；对于角接接头，按施焊时焊缝在空间所处位置分为船形焊缝、平角焊缝、立角焊缝及仰角焊缝四种形式，如图4-15所示。

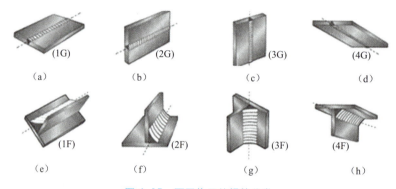

图4-15　不同位置的焊缝分类

（a）平焊焊缝；（b）横焊焊缝；（c）立焊焊缝；（d）仰焊焊缝；
（e）船形焊缝；（f）平角焊缝；（g）立角焊缝；（h）仰角焊缝

5. 从受力方向分

从受力方向分，可分为正面角焊缝与侧面角焊缝，其中正面角焊缝是指焊缝轴线与焊件受力方向相互垂直的焊缝；侧面角焊缝是指焊缝轴线与焊件受力方向相互平行的焊缝，如图4-16所示。

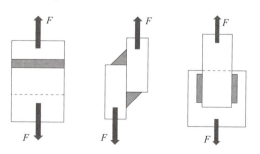

图4-16　不同受力方向的焊缝分类

6. 从受力的重要性分

从受力的重要性分，可分为工作焊缝和联系焊缝，其中工作焊缝是指焊件上用于承受载荷的焊缝，联系焊缝是指不直接承受载荷只起连接作用的焊缝，如图 4-17 所示。

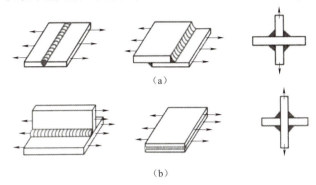

图 4-17　工作焊缝与联系焊缝

（a）工作焊缝；（b）联系焊缝

7. 从产品成型分

根据与焊件的长度关系可分为纵向焊缝与横向焊缝，其中纵向焊缝是指沿焊件长度方向分布的焊缝，横向焊缝是指垂直焊件长度方向的焊缝。另外还有螺旋形焊缝，是指用成卷板材按螺旋形方式卷成管接头后焊接所得到的焊缝。如图 4-18 所示。

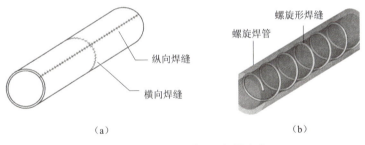

图 4-18　不同产品成形的焊缝分类

8. 从焊缝表面形状分

从焊缝表面形状分，可分为平形角焊缝、凸形角焊缝和凹形角焊缝，如图 4-19 所示。

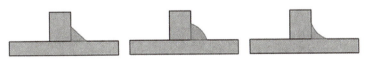

图 4-19　不同焊缝表面形状的焊缝分类

（二）类型

1. 对接焊缝

对接焊缝：在焊件之间的坡口中形成的焊缝。对接焊缝的典型类型：直边坡口、斜坡口、V 形坡口、单边坡口、U 形坡口、J 形坡口、V 形喇叭坡口和单边喇叭形坡口。

另外，从施焊过程的先后顺序，还可分为单面坡口焊和双面坡口焊。单面坡口焊是"仅从单面施焊得到的焊缝"，同样地，双面坡口焊是"从两面施焊得到的焊缝"。对接焊缝类型示意图如图 4-20 所示。

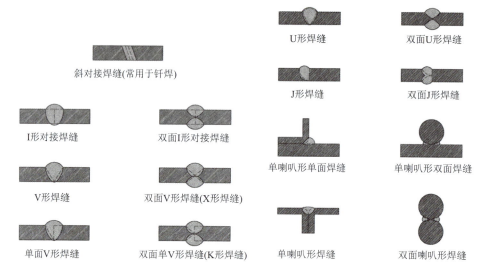

图 4-20　对接焊缝示意图

2. 角焊缝

角焊缝：在搭接、T 形、角接接头中连接两个近似为直角的两个面，而形成的截面近似为三角形的焊缝。角焊缝类型示意图如图 4-21 所示。

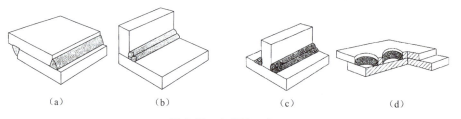

图 4-21　角焊缝示意图

（a）双面角焊缝（搭接）；（b）单面角焊缝（角接）；（c）双面角焊缝（T 形）；（d）内圆环形角焊缝

3. 塞焊与槽焊焊缝

塞焊是在接头的一个元件上开圆孔，通过焊接与另一组件熔合的焊接方式；槽焊则是在接头的一组件上开椭圆孔，通过焊接与另一组件熔合的焊接方式。孔可能开在一端。塞焊和槽焊都需确定填充深度。塞焊与槽焊焊缝示意图如图 4-22 所示。

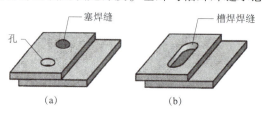

图 4-22　塞焊与槽焊焊缝示意图

（a）塞焊焊缝；（b）槽焊焊缝

知识点拨：角焊缝与槽焊缝的区别如图 4-23 所示。

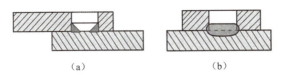

（a）　　　　　　　　　（b）

图 4-23　角焊缝与槽焊缝的区别

（a）角焊缝；（b）槽焊缝

4. 点焊缝

点焊是在叠加的组件之间或之上形成的，它的接合点有可能起始于接合面，也可能起始于某一组件的外表面。点焊缝可由电弧焊和电阻焊的方法得到。点焊缝示意图如图 4-24 所示。

（a）　　　　　　　　　（b）

图 4-24　点焊缝示意图

（a）电弧点焊缝；（b）电阻点焊缝

5. 缝焊缝

缝焊是在重叠组件之间或之上成形的连续焊缝，它的接合起始于组件的接合面，也能产生于其中一组件外表面。缝焊可由电弧焊、电子束焊和电阻焊等方法得到。缝焊缝类型示意图如图 4-25 所示。

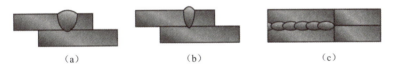

（a）　　　　　　（b）　　　　　　（c）

图 4-25　缝焊缝类型示意图

（a）电弧焊缝；（b）电子束焊缝；（c）电阻焊缝

6. 凸焊缝

凸焊一般采用电阻焊方法，焊缝是通过电流的电阻产生的热量成形的，焊缝成形在预定的凸出点、浮凸或相交点上。凸焊缝示意图如图 4-26 所示。

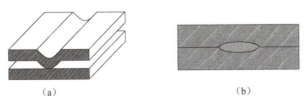

（a）　　　　　　　　　（b）

图 4-26　凸焊缝示意图

（a）顶部件凸出；（b）最终焊缝

7. 端接焊缝

端接焊缝示意图如图 4-27 所示。

图 4-27　端接焊缝示意图

8. 堆焊缝

顾名思义，这种焊接方式是直接将焊缝焊在金属表面。堆焊定义为"将焊缝焊在直接作为接头的平面上，以获取所期望的性能及尺寸"。堆焊缝示意图如图 4-28 所示。堆焊的类型如下：

1）尺寸堆焊：在材料表面上熔敷堆焊材料，以得到所期望的尺寸。

2）隔离层（过渡层）堆焊：在一个或多个材料表面上熔敷堆焊材料，以得到冶金性能适宜的过渡层焊缝，以便后续焊缝的完成。

3）耐腐蚀堆焊：在材料表面上熔敷堆焊材料，一般用以改善耐腐蚀和耐热性能。

4）耐磨（硬质合金）堆焊：在材料表面上熔敷耐磨材料，以使材料减少磨损。

图 4-28　堆焊缝示意图

9. 封底焊缝

封底焊道是在单面坡口对接焊中，先焊完正面坡口焊缝，在背面铲清焊根后，再进行背面一道的焊接，目的是保证使焊缝根部完全熔合。打底焊道是在厚板单面坡口对接焊时，为了防止角变形或为了防止自动焊时发生烧穿现象，而先在接头正面坡口根部进行的一道焊接。

 知识拓展

关于焊缝，容易混淆的有以下几点。

要点 1：打底焊缝和封底焊缝的区别

这两种焊道采用了相同的符号，但焊接次序在焊接符号的尾缀中有规定，或者采用组合参考线。打底焊道符号一般标在远离箭头的第一条线上，第二条线上是焊缝坡口符号。打底焊道符号总是标在焊缝坡口符号的另一边。封底焊道符号位于离开箭头的第二条线上，接着是焊缝坡口符号。封底焊缝与打底焊缝示意图如图 4-29 所示。

图 4-29 封底焊缝与打底焊缝示意图

(a) 封底焊；(b) 打底焊

要点 2：对接、角接和复合焊缝的区别

对接焊缝是在坡口内焊接，角焊缝是在两个近似为直角的两个面连接处焊接，而复合焊缝则为在坡口内与近似为直角的两个面连接处都要焊接，它们的区别如图 4-30 所示。

图 4-30 对接、角接和复合焊缝区别示意图

要点 3：几个专业术语的区别

（1）焊缝与接缝

焊缝（Weld）是焊接后所形成的接合部分，接缝（Seam）是经装配后准备进行焊接的接口。

（2）不同接头的焊趾（见图 4-31）

T 形接头
焊缝类型

（a）　　　　　（b）　　　　（c）　　　（d）　　（e）

图 4-31 不同接头的焊趾

要点 4：常用焊接接头的焊缝形式（见表 4-6）

表 4-6 常用焊接接头的焊缝形式

序号	简图	坡口形式	接头种类	焊缝种类
1		I 形		对接焊缝
		I 形	对接接头	角焊缝
		I 形、V 形		组合焊缝

序号	简图	坡口形式	接头种类	焊缝种类
2		I 形、V 形	角接接头	角焊缝
		单边 V 形（带钝边）		对接焊缝
		V 形、I 形		组合焊缝
3		I 形	T 形接头	角焊缝
		单边 V 形		对接焊缝
		K 形		组合焊缝
4		V 形（焊平）	端接接头	对接焊缝
		I 形		端接焊缝
		V 形、I 形		组合焊缝

续表

序号	简图	坡口形式	接头种类	焊缝种类
5		I 形	搭接接头	角焊缝
		V 形（焊平）		对接焊缝
		V 形、I 形		组合焊缝

（三）形状尺寸

焊缝的形状可用一系列几何尺寸来表示，不同形式的焊缝，其形状尺寸也不一样。

1. 焊缝宽度

焊缝表面与母材的交界处叫焊趾，焊缝表面两焊趾（焊缝表面与母材交界处）之间的距离叫焊缝宽度，如图 4-32 所示。

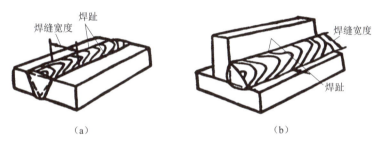

图 4-32　焊缝宽度示意图

（a）对接焊缝；（b）角焊缝

2. 余高

超出母材表面焊趾连线上面的那部分焊缝金属的最大高度叫余高，如图 4-33 所示。在静载下它有一定的加强作用，所以它又叫加强高。但在动载或交变载荷下，它非但不起加强作用，反而因焊趾处应力集中易于促使脆断，所以余高不能低于母材但也不能过高。手弧焊时的余高值为 0~3 mm。

图 4-33　余高示意图

3. 熔深

在焊接接头横截面上，母材或前道焊缝熔化的深度叫熔深，如图 4-34 所示。

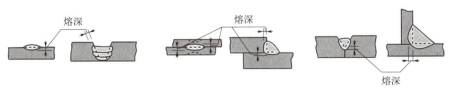

图 4-34　熔深示意图

4. 焊缝厚度

焊缝厚度（也称焊喉）：在焊缝横截面中，从焊趾连线到焊缝根部的距离。

焊缝计算厚度：设计焊缝时使用的焊缝厚度。对接焊缝时，它等于焊件的厚度；角焊缝时，它等于在角焊缝断面内画出的内切最大直角三角形中，从直角的顶点到斜边垂线的长度。

焊缝实际厚度：在焊缝横截面中，从焊缝表面的凸点或凹点到焊缝根部的距离。

焊缝厚度如图4-35所示。

焊缝计算厚度是设计人员计算的依据；焊缝厚度则考虑了焊缝的熔深，它应大于等于焊缝计算厚度；焊缝实际厚度则是考虑了焊缝表面和熔深而引入的概念。

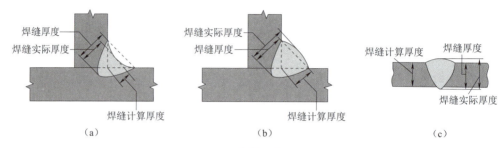

图4-35　焊缝厚度示意图

（a）凹形角焊缝；（b）凸形角焊缝；（c）对接焊缝

5. 焊脚与焊脚尺寸

角焊缝的横截面中，从一个直角面上的脚趾到另一个直角面表面的最小距离称为焊脚，按其尺寸是否相同，可分为等焊脚和不等焊脚两种类型。在角焊缝的横截面中画出的最大等腰直角三角形中直角边的长度叫焊脚尺寸，如图4-36所示。

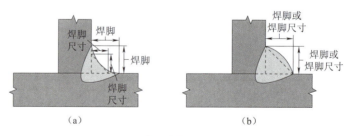

图4-36　焊脚与焊脚尺寸示意图

（a）凹形角焊缝；（b）凸形角焊缝

6. 焊缝成形系数

熔焊时，在单道焊缝横截面上焊缝宽度（B）与焊缝计算厚度（H）的比值（$\phi = B/H$），叫焊缝成形系数，如图4-37所示。该系数值小，则表示焊缝窄而深，这样的焊缝中容易产生气孔和裂纹，所以焊缝成形系数应该保持一定的数值，例如埋弧自动焊的焊缝成形系数要大于1.3。

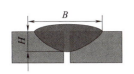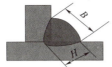

图 4-37　焊缝成形系数的计算

知识拓展 NEWS

中厚板焊接时，一般开坡口采用多层多道焊。对于低碳钢和强度等级低的普通低碳钢多层多道焊时，每道焊缝厚度不宜过大，过大时对焊缝金属的塑性不利。

焊道：每一次熔敷所形成的一条单道焊缝，如图 4-38 所示。

焊层：多道焊时的每一个分层，一层可由多道组成，如图 4-38 所示。

图 4-38　焊道与焊层示意图

多道焊：由两条以上焊道完成整条焊缝所进行的焊接。

多层焊：由两层以上焊道完成整条焊缝所进行的焊接。

多层多道焊的组成：打底焊道、填充焊道、盖面焊道。多层多道焊示意图如图 4-39 所示。

对质量要求较高的焊缝，每层厚度最好不大于 4~5 mm，同样每层焊道厚度也不宜过小。

三、焊接位置

（一）种类

根据焊缝工作位置倾角和转角的定义 GB/T 16672—1996 标准与 ISO 6947 标准，焊接位置有如下规定：熔焊时，焊件接缝所处的空间位置可用焊缝倾角和焊缝转角来表示，其中焊缝倾角是指焊缝轴线（焊缝横截面几何中心沿焊缝长度方向的连线）与水平面正向 X 轴之间的夹角（倾角方向按逆时针方向确定），如图 4-39 所示；焊缝转角是指焊缝中心线

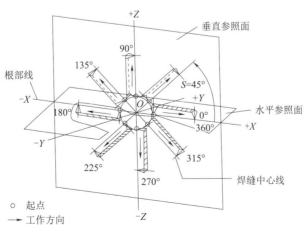

图 4-39　焊缝倾角（S）示意图

（焊根和焊缝表面中心连线）与水平参照面 Y 轴正方向或平行于 Y 轴的直线之间的夹角，如图 4-40 所示。

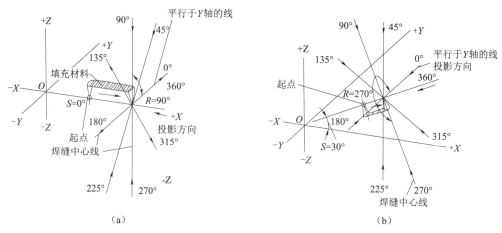

图 4-40　焊缝转角（R）示意图

（a）$S=0°$（或 360°）及 $R=90°$ 的工作位置；（b）$S=30°$ 及 $R=270°$ 的工作位置

　　根据焊件焊缝处所在的空间位置，有平焊、横焊、立焊和仰焊位置，如表 4-7 所示。

平焊位置

表 4-7　焊接位置种类

种类	示意图	定义	倾角（S）	转角（R）
平焊位置	焊缝中心线　焊缝轴线	焊缝倾角 0°、180°，焊缝转角 90° 的焊接位置，焊缝表面处于水平面，焊工在接头上方俯位进行焊接的位置	0° 180°	90° 90°
横焊位置	焊缝轴线　焊缝中心线	焊缝倾角 0°、180°，焊缝转角 0°、180° 的焊接位置，焊缝轴线处于水平位置，焊缝表面处于垂直位置	0° 0° 180° 180°	0° 180° 0° 180°

续表

种类	示意图	定义	倾角（S）	转角（R）
立焊位置	焊缝中心线 焊缝轴线	焊缝倾角90°（立向上）、270°（立向下）的焊接位置，焊缝轴线与焊缝表面处于垂直平面的焊接位置	90° 270°	
仰焊位置	焊缝轴线 焊缝中心线	焊缝倾角0°、180°，焊缝转角270°的焊接位置，焊工在接头下方仰位进行焊接的位置	0° 180°	270° 270°

说明：

1）在平焊位置进行的焊接称为平焊；在横焊位置进行的焊接称为横焊；在立焊位置进行的焊接称为立焊；在仰焊位置进行的焊接称为仰焊。

2）立焊可分为向上立焊与向下立焊两种类型。向上立焊：立焊时，热源自下向上进行的焊接；向下立焊：立焊时，热源自上向下进行的焊接。

（二）工艺代号

根据焊件上焊缝处所在的空间位置，有平焊、横焊、立焊和仰焊位置。

1. 板板对接焊接位置（见图4-41）

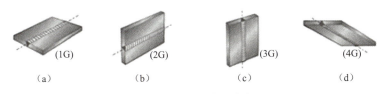

图4-41　板板对接焊接位置

（a）平焊；（b）横焊；（c）立焊；（d）仰焊

2. 板板角接焊接位置（见图4-42）

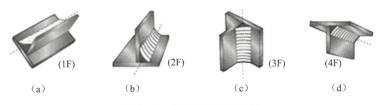

图4-42　板板角接焊接位置

（a）船形焊；（b）平角焊；（c）立角焊；（d）仰角焊

3. 管管对接焊接位置（见图4-43）

图 4-43　管管对接焊接位置

（a）管水平转动焊；（b）管垂直固定焊；（c）管水平固定全位置焊；（d）管倾斜固定焊

4. 管管、管板角接焊接位置（见图4-44）

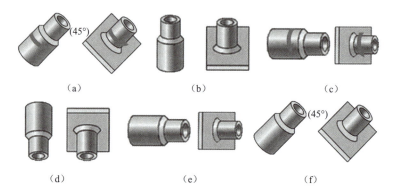

图 4-44　管管角接焊接位置

（a）管旋转（1F）；（b）管垂直固定（2F）；（c）管旋转（2FR）；
（d）管垂直固定（4F）；（e）管水平固定（5F）；（f）管倾斜固定（6F）

焊接位置代号表示方法见表4-8。

表 4-8　焊接位置代号表示方法

焊接位置	焊接位置（ISO）	焊接位置（ASME/AWS）
平焊	PA	1G/1F
平角焊	PB	2F
横焊	PC	2G
仰角焊	PD	4F
仰焊	PE	4G
立焊（向上）	PF	3G（向上）
立焊（向下）	PG	3G（向下）
管管水平固定焊（向上）	PH	5G（向上）
管管水平固定焊（向下）	PJ	5G（向下）
管管倾斜固定焊（向上）	H-L045	6G（向上）
管管倾斜固定焊（向下）	J-L045	6G（向下）

说明：

对于倾斜管的焊缝位置，倾角和转角的表示可按下述方法简化（GB/T 16672—1996）：转角用字母 L 和角度表示，倾角的表示由焊接方向相应的字母代替，其中 H 表示向上焊，J 表示向下焊，K 表示回转焊。

知识拓展

一、焊接位置代号

对接焊缝与角接焊缝的不同焊接位置如图 4-45 所示。

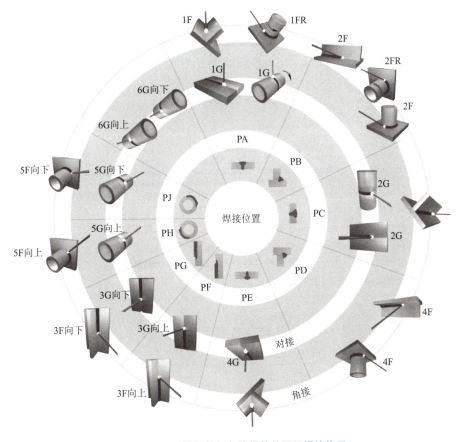

图 4-45　对接焊缝与角接焊缝的不同焊接位置

PA—平焊；PB—平角焊；PC—横焊；PD—仰角焊；PE—仰焊；PF—立向上焊；
PG—立向下焊；PH—管水平固定向上焊；PJ—管水平固定向下焊

二、H 型钢埋弧焊的焊接位置

在用埋弧焊焊接 H 型钢时，常采用船形焊，如图 4-46 所示，原因是船形焊比平角焊更能保护焊接质量，同时提高焊接效率。焊接位置对焊接质量、焊接效率、焊工技能要求等有很大影响，因此在实际工程中应综合考虑各种因素，选择最佳的焊接位置。

图 4-46 H 型钢埋弧焊时的焊接位置

项目实施

任务工单四

组名：	组员：	学号：	组内评价：	成绩：

任务描述： 认识焊接接头与焊缝

目的：（1）掌握焊接接头的类型、组成与组织特性，具有焊接工艺初步的分析能力。

　　　　（2）掌握坡口类型、作用、加工方法，具有坡口的分析能力。

　　　　（3）掌握焊缝定义、类型，具有焊缝类型识别与焊缝尺寸的测量能力。

　　　　（4）掌握焊接位置知识，具有焊接位置识别能力。

任务实施：

　　1. 在教师的指导下，进行坡口加工的观摩（机械加工与热切割）。

　　2. 在教师的指导下，进行焊缝尺寸的测量。

检查与评估

反馈信息描述	产生问题的原因	解决问题的方法	评估结果

指导教师评语：

指导教师签字：　　　　　　　　　　　　　　　　　　日期：　　　年　　月　　日

项目拓展

在教师的指导下，进行焊接接头金相组织的观察与力学性能试验。

项目练习

一、选择题

1. 不属于基本焊接接头的是（　　）。

A.

B.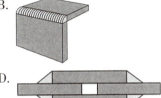

C.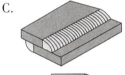

D.

2. 图中 的接头类型是（　　）。

A. T形接头　　　　B. 角接接头　　　　C. 对接接头　　　　D. 角接接头

3. 图中  A 表示焊接接头的（　　）组成部分。

A. 母材　　　　B. 焊缝区　　　　C. 熔合区　　　　D. 热影响区

4. 图中搭接焊 的焊缝类型为（　　）。

A. 对接焊缝　　　　B. 角焊缝　　　　C. 搭接焊缝　　　　D. 组合焊缝

5. 图中 的焊缝类型分别是（　　）。

A. 都是角焊缝　　　　　　　　B. 都是对接焊缝
C. 角焊缝与对接焊缝　　　　　D. 都是组合焊缝

6. 图中 的接头类型与焊缝类型分别是（　　）。

A. 对接接头，角焊缝　　　　　　B. 对接接头，角焊缝
C. 搭接接头，角焊缝　　　　　　D. 搭接接头，塞焊缝

7. 下图中不属于角焊缝的是 (   )。

A.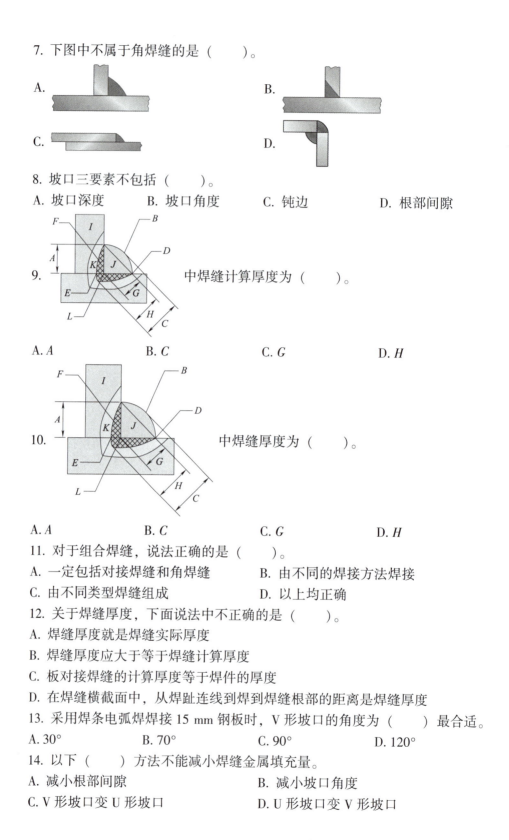

B.

C.

D.

8. 坡口三要素不包括 (   )。

A. 坡口深度   B. 坡口角度   C. 钝边   D. 根部间隙

9. 中焊缝计算厚度为 (   )。

A. A B. C C. G D. H

10. 中焊缝厚度为 (   )。

A. A B. C C. G D. H

11. 对于组合焊缝，说法正确的是 (   )。

A. 一定包括对接焊缝和角焊缝   B. 由不同的焊接方法焊接

C. 由不同类型焊缝组成   D. 以上均正确

12. 关于焊缝厚度，下面说法中不正确的是 (   )。

A. 焊缝厚度就是焊缝实际厚度

B. 焊缝厚度应大于等于焊缝计算厚度

C. 板对接焊缝的计算厚度等于焊件的厚度

D. 在焊缝横截面中，从焊趾连线到焊到焊缝根部的距离是焊缝厚度

13. 采用焊条电弧焊焊接 15 mm 钢板时，V 形坡口的角度为 (   ) 最合适。

A. 30°   B. 70°   C. 90°   D. 120°

14. 以下 (   ) 方法不能减小焊缝金属填充量。

A. 减小根部间隙   B. 减小坡口角度

C. V 形坡口变 U 形坡口   D. U 形坡口变 V 形坡口

15. 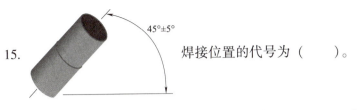 焊接位置的代号为（　　　）。

A. 1G B. 2G C. 5G D. 6G

16. 对于板板对接，焊缝倾角 0°、焊缝转角 180° 的焊接位置为（　　　）。

A. 平焊 B. 横焊 C. 立焊 D. 仰焊

二、判断题

1. 焊角就是焊脚尺寸。 （　　　）

2. 坡口角度就是坡口面角度。 （　　　）

3. 封底焊道是在单面坡口对接焊中，先焊完正面坡口焊缝，在背面铲清焊根后，再进行背面一道的焊接。 （　　　）

4. 对于凹形角焊缝，实际焊喉等于理论焊喉。 （　　　）

5. CJP 代表全焊透焊缝，PJP 代表未焊透焊缝。 （　　　）

三、识图题

识别下图的焊缝类型与焊接位置。

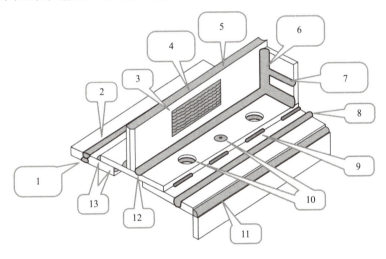

项目五　焊缝符号

项目分析

　　焊缝符号是焊接施工的主要技术依据之一，焊接技术人员和焊工必须熟悉常用焊缝的标注方法（在技术图样中也可以用图示法表示焊缝）。本项目介绍了焊缝符号基础知识，并对常用焊缝进行了归纳总结，为学习者识别焊接图纸奠定基础。

学习目标

知识目标

- 掌握焊缝符号基础知识。
- 熟悉对接焊缝符号与角焊缝符号的含义及应用。
- 了解点焊缝、缝焊缝、端接焊缝、塞焊缝、槽焊缝符号含义及应用。

技能目标

- 能正确识别对接焊缝符号与角焊缝符号。
- 能正确识别点焊缝、缝焊缝、端接焊缝、塞焊缝、槽焊缝的焊缝符号。

素质目标

- 培养学生耐心细致、实践创新、精益求精的职业素养。
- 培养学生发现问题、分析问题和解决问题的能力。

知识链接

一、焊缝符号基础

（一）组成

1. 焊缝符号组成

　　焊缝符号表述图纸上完整的焊接信息。焊缝符号可以包含下列要素：箭头线（必要要素）、基准线（必要要素）、基本符号、补充符号、焊缝尺寸、尾注符号及技术要求等信息。按 ISO 2553：2019 标识体系 A 规定，焊缝符号要素及其标注位置如图 5-1 所示。

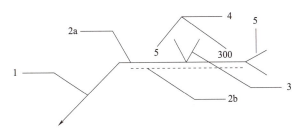

图 5-1　焊缝符号要素及其标注位置（标识体系 A）

1—箭头线；2—基准线（分实线与虚线）；3—基本符号；4—焊缝尺寸；5—尾注符号

知识拓展

按照 ISO 2553：2019 国际规范，有两种不同的标识体系 A 和 B，标识体系 A，有两条基准线，一条为连续线、一条为断续线；标识体系 B，仅用一条基准线（实线）。在工程图纸上不是同时存在两种体系的标识，而是只用其中一种，且应该明确说明使用的标识体系种类。我国标准 GB/T 324—2008 与 ISO 2553：2019 国际标识体系 A 更为相近，美国标准 AWS A2.4：2007 与 ISO 2553：2019 国际标识体系 B 更为相近。

按照 ISO 2553：2019 标识体系 B 规定，焊缝符号要素及其标注位置如图 5-2 所示。

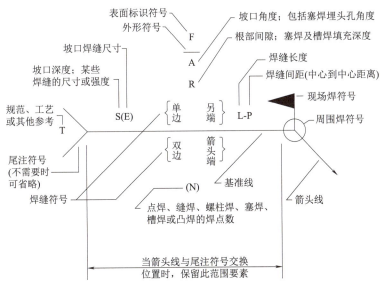

图 5-2　焊缝符号要素及其标注位置（标识体系 B）

焊缝符号的使用示例（体系 A 与体系 B）如图 5-3 所示。

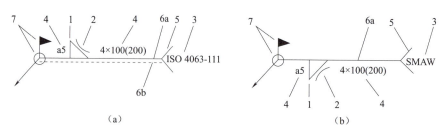

图 5-3　焊缝符号使用示例

（a）复杂焊缝各元素的位置示例（标识体系 A）；（b）复杂焊缝各元素的位置示例（标识体系 B）

2. 基准线

基准线即水平参考线。不同标准，基准线有所不同，目前对于基准线，有两类标准。第一类为欧洲标准：焊缝基本符号靠近实线，表示箭头侧；焊缝符号靠近虚线，表示非箭头侧。目前我国国家标准采用欧洲标准。第二类为美国标准：焊缝基本符号在实线下方，表示箭头侧；焊缝符号在实线上方，表示非箭头侧。不同标准箭头侧与非箭头侧的说明如图 5-4 与图 5-5 所示。

（1）箭头侧与非箭头侧

标识体系 A：基准线符号用两条基准线（一条细实线，一条细虚线）表示，一条连续、一条断续，焊缝基本符号靠近实线，表示箭头侧；焊缝符号靠近虚线，表示非箭头侧，其示意图如图 5-4 所示。

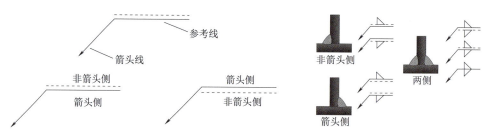

图 5-4　箭头侧与非箭头侧示意图（标识体系 A）

标识体系 B：仅用一条基准线（实线），焊缝基本符号在实线下方，表示箭头侧；焊缝符号在实线上方，表示非箭头侧，其示意图如图 5-5 所示。

焊缝符号（箭头侧与非箭头侧）

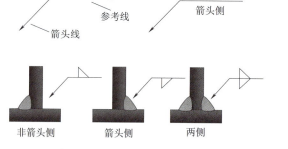

图 5-5　箭头侧与非箭头侧示意图（标识体系 B）

（2）水平参考线数量

当需要表达焊接次序时，可以有两条或两条以上水平参考线，两个或两个以上基准线在焊接中存在先后顺序，首先焊接的是离箭头最近的基准线标注的焊缝，其余是指定的其他基准线的焊缝。其示意图如图 5-6 所示。

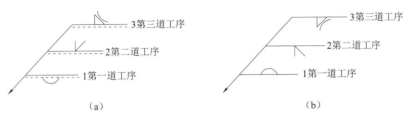

（a） （b）

图 5-6　水平参考线示意图及示例

（a）标识体系 A；（b）标识体系 B

知识点拨：有打折箭头线的焊缝符号工序顺序如图 5-7 所示。

在图 5-7 中，首先焊接双面单 V 形焊缝，然后焊接正面角焊缝。工序的先后顺序不能按水平参考线的上下，应按离箭头线的距离（距离最近的为第一道工序）进行判断。

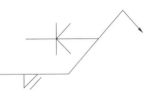

图 5-7　有打折箭头线的焊缝符号工序顺序

3. 箭头线

连接参考线的箭头指向需焊接的坡口或区域。

（1）箭头线的折弯

当只有一个 V 形坡口或一个 J 形坡口或两者都有，且焊缝位置不明显时，箭头线允许折弯一次，箭头线的折弯如图 5-8 所示。

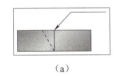 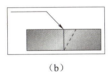 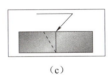 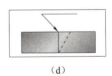

（a） （b） （c） （d）

图 5-8　箭头线的折弯

（2）多箭头线

同种类型焊缝，可以共用一个基准线，可以用两个或更多箭头线，其示意图如图 5-9 所示。

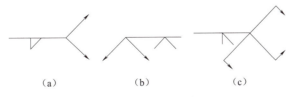

（a） （b） （c）

图 5-9　多箭头线示意图

（二）焊缝基本符号

焊缝基本符号是表示焊缝横截面的基本形式或特征的符号，见表5-1。

表5-1　焊缝基本符号

序号	名称	示意图	GB/T 324—2008 符号	AWS A2.4：2007 符号
1	卷边焊缝			
2	单边喇叭口焊缝			
3	I 形焊缝			
4	V 形焊缝			
5	单边 V 形焊缝			
6	带钝边 V 形焊缝			
7	带钝边单边 V 形焊缝			
8	带钝边 U 形焊缝			
9	带钝边 J 形焊缝			
10	封底焊缝			

续表

序号	名称	示意图	GB/T 324—2008 符号	AWS A2.4：2007 符号
11	角焊缝			
12	塞焊缝或槽焊缝			
13	点焊缝	电阻点焊 熔化点焊		或
14	缝焊缝	电阻缝焊 熔化缝焊		或
15	陡边 V 形焊缝			—
16	陡边单 V 形焊缝			—
17	端焊缝			
18	堆焊缝			
19	平面连接（钎焊）			—

序号	名称	示意图	GB/T 324—2008 符号	AWS A2.4：2007 符号
20	斜面连接（钎焊）		/ /	—
21	折叠连接（钎焊）			—
22	螺柱焊焊缝		—	⊗
23	打桩焊缝（用于束焊）		—	

说明：（1）序号 2、22、23 的焊缝为 AWS A2.4：2007 标准中规定

（2）标"—"表示该标准中未对此作规定，序号 2、22、23 的焊缝为标准 AWS A2.4：2007 中的规定

如要求双面焊缝或接头时，可以将基本符号组合使用，基本符号的组合焊缝见表 5-2。

表 5-2　双侧焊缝的基本符号组合

序号	名称	示意图	符号
1	双面 V 形焊缝（X 焊缝）		
2	双面单 V 形焊缝（K 焊缝）		
3	带钝边双面 V 形焊缝（X 焊缝）		
4	带钝边双面单 V 形焊缝（K 焊缝）		
5	双面 U 形焊缝		

续表

序号	名称	示意图	符号
6	双面单边 V 形焊缝+角焊缝	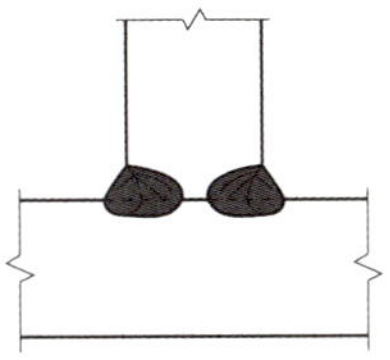	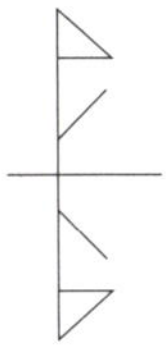

（三）焊缝补充符号

补充符号是为了补充说明焊缝的某些特征（如表面形状、垫板、焊缝分布、施焊地点等）而采用的符号。焊缝补充符号见表 5-3。

表 5-3　焊缝补充符号

序号	名称	符号	应用举例	图示法表示
1	平面			
2	凸面		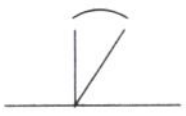	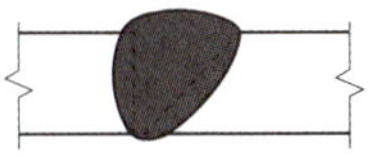
3	凹面			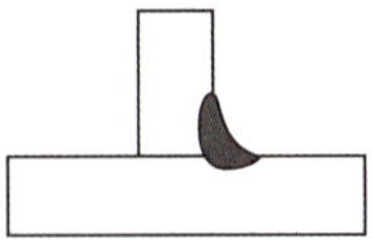
4	焊趾圆滑过渡			—
5	永久垫板	 M	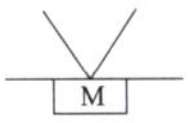	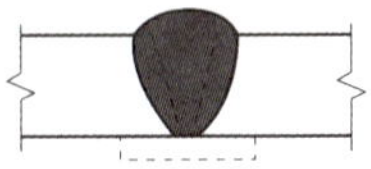
6	临时垫板	 MR	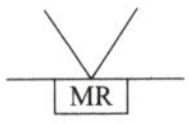	
7	三面焊缝		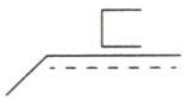	—
8	周围焊缝	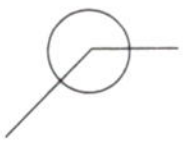	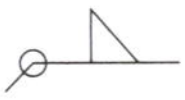	—
9	现场焊缝	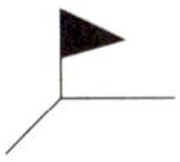		—
10	尾部		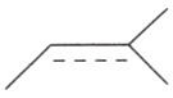	—

（四）焊缝尺寸符号

焊缝尺寸符号是为了说明焊缝的某些特征（如尺寸、数量、装配关系等）而采用的符号。焊缝尺寸符号见表5-4。

表5-4　焊缝尺寸符号

符号	名称	示意图	符号	名称	示意图
δ	焊件厚度	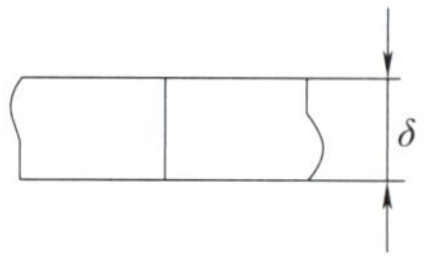	c	焊缝宽度	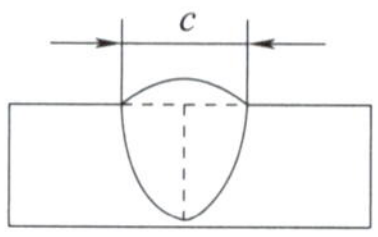
α	坡口角度	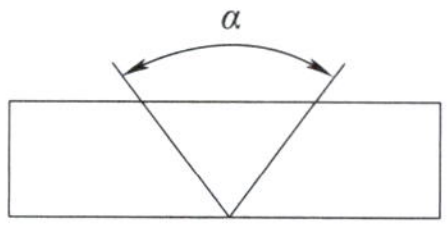	K	焊脚	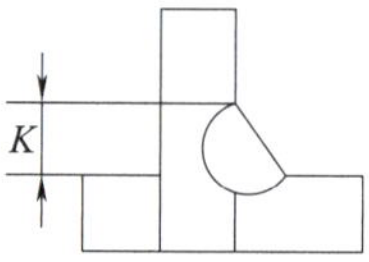
β	坡口面角度	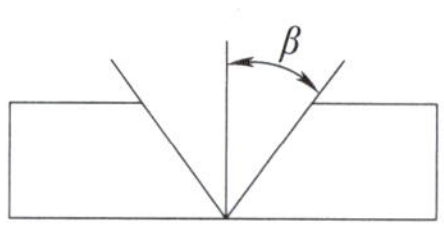	d	点焊：熔核直径 塞焊：孔径	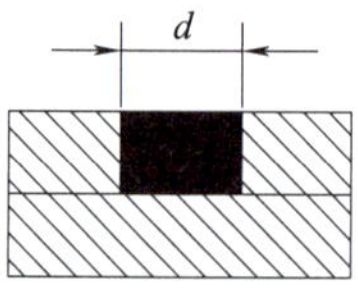
b	根部间隙	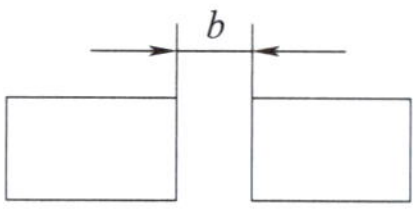	n	焊缝段数	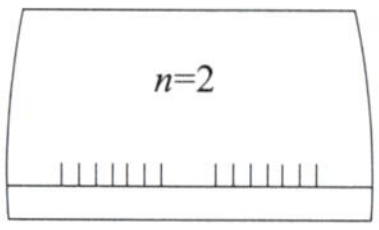
p	钝边	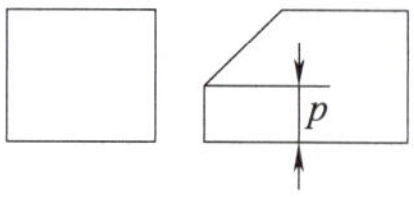	l	焊缝长度	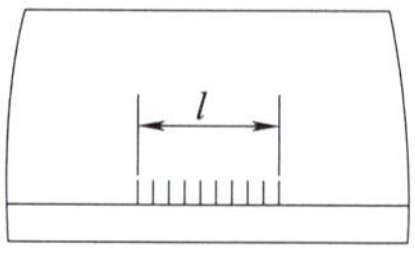
R	根部半径	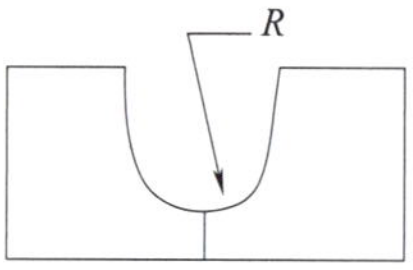	e	焊缝间距	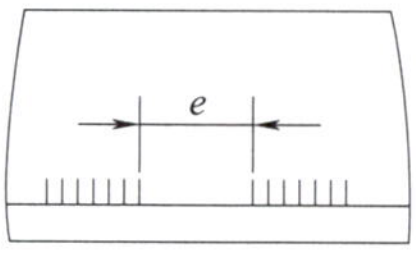
H	坡口深度	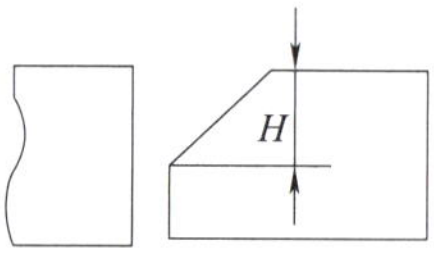	N	相同焊缝数量	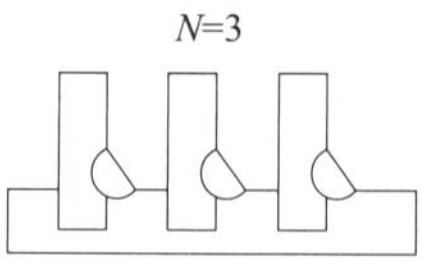
S	焊缝有效厚度	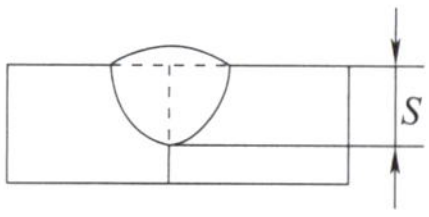	h	余高	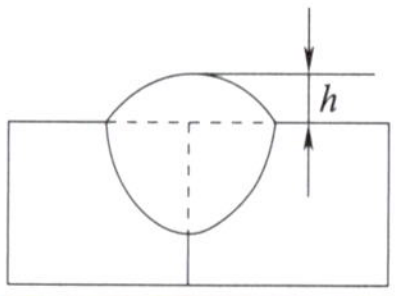

焊缝尺寸符号标注原则如图5-10所示。

1）焊缝横截面上的尺寸标在基本符号的左侧。

2）焊缝长度方向的尺寸标在基本符号的右侧。

3）坡口角度、坡口面角度、根部间隙等尺寸标在基本符号的上侧或下侧。

4）相同焊缝数量符号标在尾部。

5）当需要标注的尺寸数据较多又不易分辨时，可在数据前面增加相应的尺寸符号。

6）当箭头线方向变化时上述原则不变。

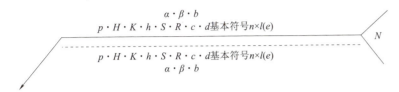

图 5-10　焊缝尺寸符号标注原则

（五）焊缝尾注符号

当尾部需标注的内容较多时，可参照下列顺序排列：

1）相同的焊缝数量。

2）焊接方法代号。

3）缺欠质量等级（GB/T 19418—2003 规定）。

4）焊接位置。

5）焊接材料。

6）其他。

每项之间用"/"分开。为简化图样，也可将上述相关内容包含在某文件中，并在尾部给出该文件的编号（如 WPS 编号或表格编号等）。

为避免重复与混乱图纸，可以在图纸上增加一条通用要求，说明所有焊缝的相同信息。例如按 AWS A2.4：2007 标准规定，在尾注部分加"TYP"三个字母，表示相同技术要求的焊缝。

（六）焊接方法工艺代号

常用焊接及相关工艺方法代号（详见 GB/T 5185—2005）见表 5-5。

表 5-5　常用焊接及相关工艺方法代号（详见 GB/T 5185—2005）

代号	焊接方法名称	代号	焊接方法名称
1	电弧焊	15	等离子弧焊
111	焊条电弧焊	151	等离子 MIG 焊
12	埋弧焊	2	电阻焊
121	单丝埋弧焊	211	单面点焊
122	双丝埋弧焊	212	双面点焊
123	多丝埋弧焊	22	缝焊
13	熔化极气体保护电弧焊	3	气焊
131	熔化极惰性气体保护电弧焊（MIG）	311	氧乙炔焊
135	熔化极非惰性气体保护电弧焊（MAG）	312	氧丙烷焊

续表

代号	焊接方法名称	代号	焊接方法名称
136	非惰性气体保护的药芯焊丝电弧焊	42	摩擦焊
137	惰性气体保护的药芯焊丝电弧焊	51	电子束焊
14	非熔化极气体保护电弧焊	7	其他焊接方法
141	钨极惰性气体保护电弧焊（TIG）	81	火焰切割

（七）非破坏性检测符号

1. 检验方法字母标识

无损检测方法的字母标识见表5-6。

表5-6　无损检测方法的字母标识（详见 GB/T 14693—2008）

检验方法	字母代号	检验方法	字母代号
声发射检测	AET	超声波探伤	UT
涡流探伤	ET	中子射线照相	NRT
渗透探伤	PT	耐压试验	PRT
磁粉探伤	MT	目视检测	VT
射线探伤	RT	泄漏检测	LT

2. 非破坏性检测补充符号

无损检测补充符号见表5-7。

表5-7　无损检测补充符号

全检	现场检测	辐射源方向

（1）全检符号：在基准线与箭头线交叉点用一圆圈表示全检验。

（2）现场检测符号：现场（不是工厂或原始制造商）检验符号，在基准线与箭头线交点处用一小旗表示。

（3）放射源位置符号：通过绘图表示放射源的角度位置，如图5-11所示。

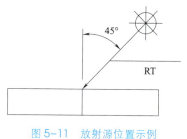

图5-11　放射源位置示例

3. 无损检测符号原则

无损检测符号原则见表5-8。

表5-8 无损检测符号原则

序号	项目	原则	示例
1	箭头线位置	箭头线指向被检验部分接头，箭头侧所指的将放在箭头侧位置，另一侧放在非箭头侧位置	
2	箭头侧位置	箭头侧的检验方法是在基准线下面用字母符号代表相应的检验方法	MT VT
3	非箭头侧位置	非箭头侧的检验方法是在基准线上面用字母符号代表相应的检验方法	UT RT
4	两侧都有的位置	若接头两侧都需要检验，则在基准线上、下两侧用字母符号代表相应的检验方法	PT VT MT MT
5	字母代号在基准线中心	当检测与箭头侧和非箭头侧无关时，其方法代号标注在基准线中心线上	ET AET
6	检验方法组合	当需要进行一种以上的检验方法对接头进行检验时，其检验方法代号放在基准线一侧或基准线中心线上，之间用"+"连接	PT UT+RT LT+PRT RT
7	焊接与非破坏性检验符号	焊接与非破坏性检验符号可以组合在一起	MT MT UT
8	检验长度表示	需要检验的焊缝的长度，标注在检验方法字母代号的右侧	MT 8 PT 250
9	位置表示	位置通过长度尺寸线表示	MT 6 MT 6 10 MT 6 MT 6
10	长度检验	当全长度检验时，不标注长度符号。当长度方向小于100%检验时，在字母代号右侧标注所需检验的百分比符号	RT 25% MT 50%

续表

序号	项目	原则	示例
11	检验数量	检验数量放在字母代号的上侧或下侧	RT 8 (3)　　(2) UT
12	尾注详细说明、代码和其他说明	详细说明、代码和其他说明在尾部用符号表示	A-12　　RT

（八）典型焊缝符号

1. 周围焊

周围焊标注示例如图 5-12 所示。

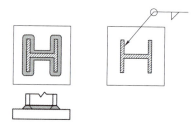

图 5-12　周围焊标注示例

2. 现场焊接

现场焊接是在车间或初装场地之外的现场进行的焊接。场地小旗符号垂直置于参考线和箭头的交点，它可在参考线以上或之下，不标识所需焊缝的位置。小旗可能指向两个方向，与箭头方向相同或相反。现场焊接标注示例如图 5-13 所示。

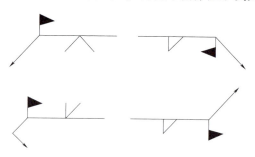

图 5-13　现场焊接标注示例

3. 焊缝表面形状

焊缝表面形状标注示例如图 5-14 所示。

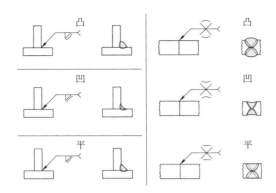

图 5-14 焊接表面形状标注示例

焊缝表面形状标注符号说明：C＝錾削；G＝打磨；H＝锤击；M＝机加；R＝压轧；U＝未注。

4. 熔透情况

熔透符号仅适用于要求全焊透并需背面加强高的单面焊焊缝，其符号置于参考线与焊缝符号相反的位置上。熔透符号左边的尺寸为背面加强高的高度，如图 5-15 所示，有时可不标注。

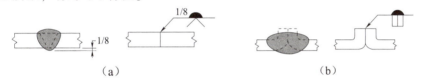

（a）　　　　　　　　　　　　　（b）

图 5-15　熔透情况标注示例
（a）坡口焊缝；（b）端接焊缝

5. 衬垫

带衬垫的接头是通过将衬垫符号置于参考线坡口焊缝符号对面来表示的。如果衬垫在整个焊接完成后需要去除掉，则字母 R 需与衬垫符号同时出现。衬垫用的材料及尺寸标识在符号的尾部，或注在图纸中靠近焊接接头处。衬垫符号标注示例如图 5-16 所示。

图 5-16　衬垫符号标注示例

6. 嵌块

带嵌块的接头可通过将坡口符号修改使其带有一矩形来表示。带嵌块的接头从两边施焊，并且放在已准备好坡口钝边的中心部位，它有时用来固定重要的根部间隙间的位置。隔板在完成一边焊缝后或被去掉，或作为焊接接头的一部分被保留。当与多参考线连接时，符号出现在最接近箭头的参考线上。嵌块的材料和尺寸标注在符号的尾部，或标注在图纸中靠近焊接接头处。嵌块符号骑在参考线的中部，类似于焊接接头，在参考线中心，以区别于封底焊符号。嵌块符号标注示例如图 5-17 所示。

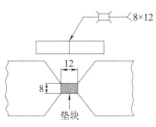

图 5-17　嵌块符号标注示例

7. 组合焊缝

组合焊缝标注示例如图 5-18 所示。

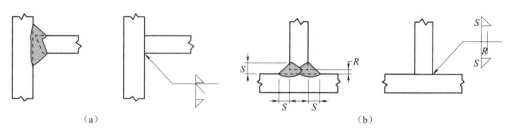

（a）　　　　　　　　　　　　　　　　　　（b）

图 5-18　组合焊缝标注示例

（a）单 V 形双面角焊缝；（b）I 形坡口的双面角焊缝

8. 断续焊缝

断续焊缝标注见表 5-9。

表 5-9　断续焊缝标注

序号	焊缝类型	图解	符号	备注
1	断续焊缝	*l*　(*e*)　*l*　(*e*)　*l*	$n{\times}l(e)$	n—数量； l—每段长度； e—间距； 　注：n，l，e 为所需要的尺寸。基本符号右侧没有尺寸标识的表示连续焊缝
2	并列断续焊缝	*l*　(*e*)　*l*　(*e*)　*l*	$n{\times}l(e)$ $n{\times}l(e)$	
3	交错断续焊缝	*l*　(*e*)　*l* *l*　(*e*)　*l*	$n{\times}l$　　(*e*) $n{\times}l$　　(*e*)	

注：环太平洋国家通常采用其他方法，其断续焊缝标识方式见表 5-10 和表 5-11

表 5-10　断续对接焊缝的可替换标识方法

序号	焊缝类型	图解	焊接符号（AWS A2.4）
1	断续焊缝	150　　150 75　　75　　75	75-150

续表

序号	焊缝类型	图解	焊接符号（AWS A2.4）
2	并列断续焊缝	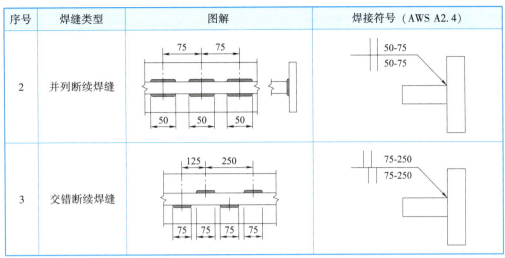	
3	交错断续焊缝		

表 5-11 断续角焊缝的可替换标识方法

序号	焊缝类型	图解	焊接符号（AWS A2.4）
1	断续焊缝		
2	并列断续焊缝		
3	交错断续焊缝		

9. 焊缝定位

焊缝定位符号表示示例如图 5-19 所示。

焊缝符号——
并列断续角焊缝

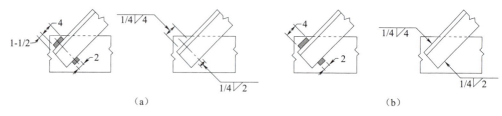

图 5-19　焊缝定位符号表示示例

（a）准确定位；（b）大致定位

10. 多箭头线

多箭头线符号表示示例如图 5-20 所示。

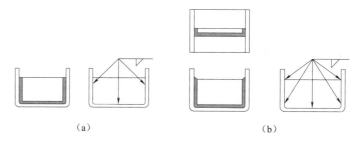

图 5-20　多箭头线符号表示示例

（a）三条焊缝（不包边）；（b）五条焊缝（包边）

11. 接头准备尺寸

（1）根部间隙

字母 b 表示根部间隙，标识在基本符号的里面，见表 5-12。根部间隙只出现在基准线的一侧，不用两侧都标识。

表 5-12　根部间隙

序号	焊缝类型	图解	焊接符号
1	I 形		
2	V 形		
3	双面单边 V 形		

（2）角度

坡口角度 α 标识在对接基本符号的下面，见表 5-13。对于双面焊缝，包括对称焊缝，应该在两侧均标识相应角度。

表 5-13　角度表示方法

序号	焊缝类型	图解	焊接符号
1	V 形	50°	50°
2	双面 V 形	60° / 90°	60° / 90°

（3）坡口深度

坡口深度标识在基本符号的左侧。坡口深度标识在要求熔深的后面，用"（ ）"表示，见表 5-14。

表 5-14　坡口深度表示方法（ISO 2553）

序号	焊缝类型	图解	焊接符号
1	V 形	S / H	S(H)
2	喇叭 V 形	S / H	S(H)

二、焊缝符号实例

（一）对接焊缝

1. 规则

对接焊缝符号规则如图 5-21（AWS A2.4）所示。

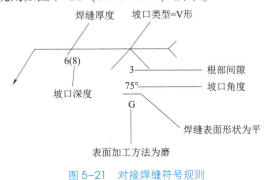

焊缝厚度　　坡口类型=V形

6(8)　　　　3 ——— 根部间隙

坡口深度　　75° ——— 坡口角度

G

———— 焊缝表面形状为平

表面加工方法为磨

图 5-21　对接焊缝符号规则

2. 实例

对接焊缝符号实例见表5-15。

表5-15　对接焊缝符号实例

序号	图示法	焊缝符号表示法	备注
1			根部间隙（单面）
2			根部间隙（双面）
3			坡口角度（单面）
4			坡口角度（双面）
5			坡口深度与焊缝厚度（单面）
6			坡口深度与焊缝厚度（双面）
7			双面焊接不焊透（焊缝对称）
8			双面焊接不焊透（焊缝不对称）

续表

序号	图示法	焊缝符号表示法	备注
9	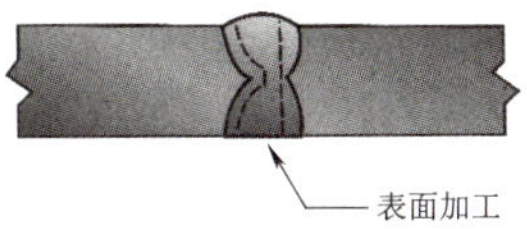	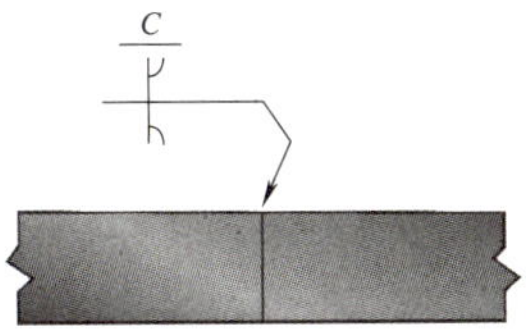	焊缝表面状态 （单面加工）
10	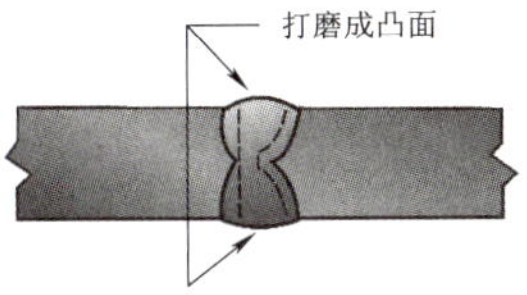	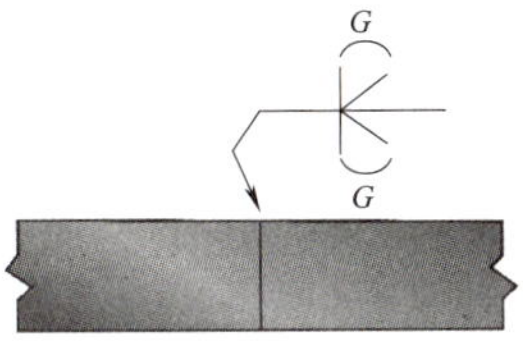	焊缝表面状态 （双面加工）
11	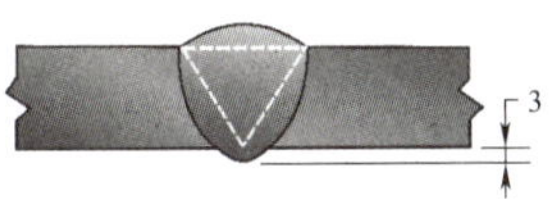	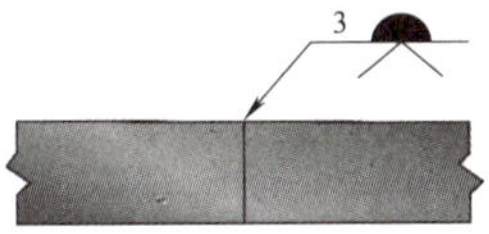	背面熔透
12	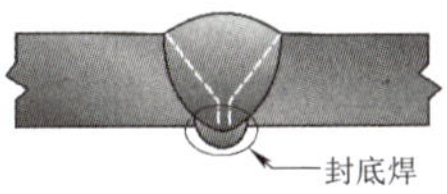	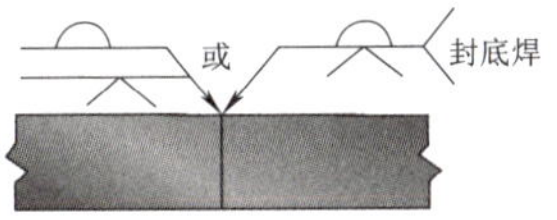	封底焊
13	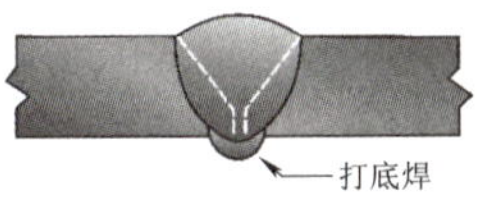	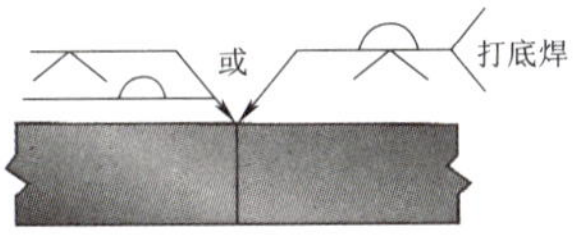	打底焊
14	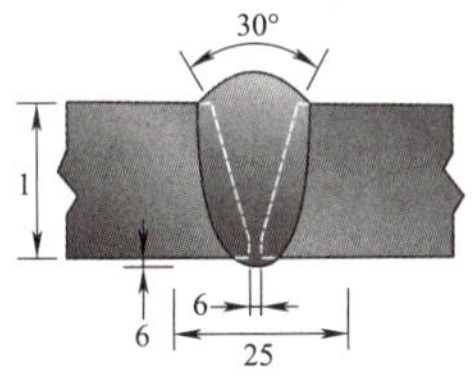	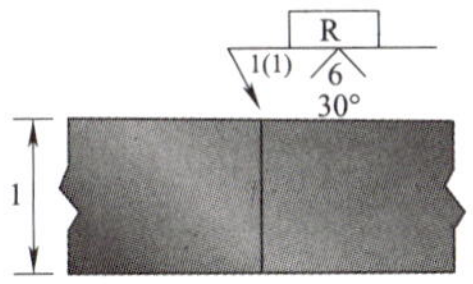	带垫板
15	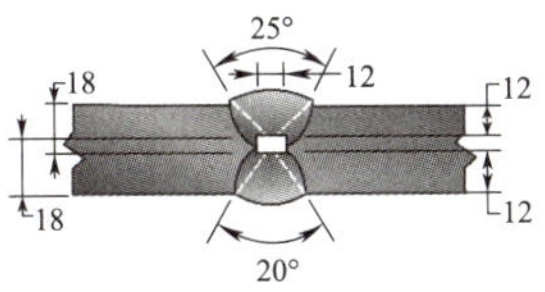	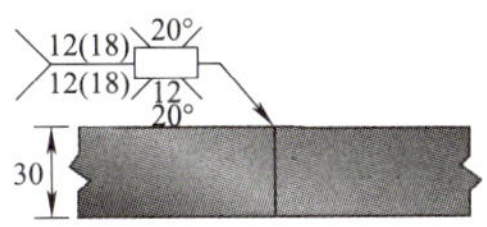	带间隔块
16	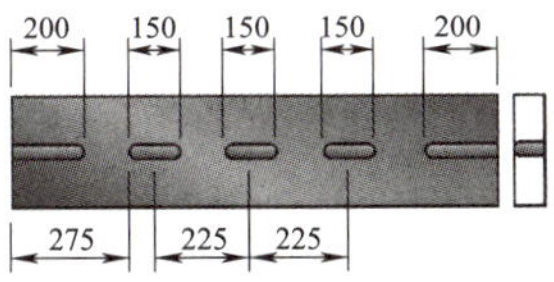	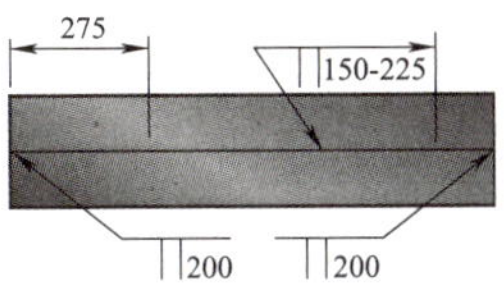	断续焊缝

(二) 角焊缝

1. 规则

角焊缝符号规则如图 5-22 所示。

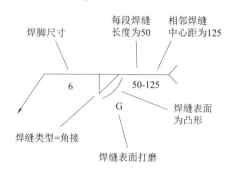

图 5-22　角接焊缝符号规则

2. 实例

角焊缝符号实例见表 5-16。

表 5-16　角焊缝符号实例

序号	图示法	焊缝符号表示法	备注
1			单侧角焊缝 (等焊脚尺寸)
2			单侧角焊缝 (不等焊脚尺寸)
3			双侧角焊缝 (等焊脚尺寸)
4			双侧角焊缝 (不等焊脚尺寸)

续表

序号	图示法	焊缝符号表示法	备注
5			单侧断续角焊缝
6			双侧对称角焊缝
7			交错角焊缝
8			十字接头角焊缝

（三）端接焊缝

1. 规则

端接焊缝符号规则如图 5-23 所示。

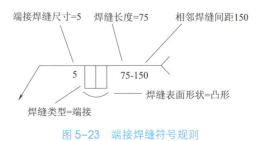

图 5-23　端接焊缝符号规则

2. 实例

端接焊缝符号实例见表5-17。

表5-17　端接焊缝符号实例

序号	图示法	焊缝符号表示法	备注
1			双侧 （规定焊缝尺寸）
2			单侧 （不规定焊缝尺寸）
3			卷边接头 （双边卷边）
4			卷边接头 （单边卷边）
5			熔透
6			四块板
7			三块板
8			三块板熔透

续表

序号	图示法	焊缝符号表示法	备注
9		2	组合焊缝符号 （喇叭形与端接）
10		2	组合焊缝符号 （单喇叭形与端接）

（四）堆焊焊缝

1. 规则

堆焊焊缝符号规则如图 5-24 所示。

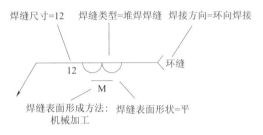

焊缝尺寸=12　焊缝类型=堆焊焊缝　焊接方向=环向焊接

12　　　环缝

M

焊缝表面形成方法：　焊缝表面形状=平
机械加工

图 5-24　堆焊焊缝符号规则

2. 实例

堆焊焊缝符号实例见表 5-18。

表 5-18　堆焊焊缝符号实例

序号	图示法	焊缝符号表示法	备注
1	A—A　6	6	整个面堆焊
2	25 50 100 50 A—A　50	50 100 50　25 50 25	有规定尺寸的堆焊

续表

序号	图示法	焊缝符号表示法	备注
3	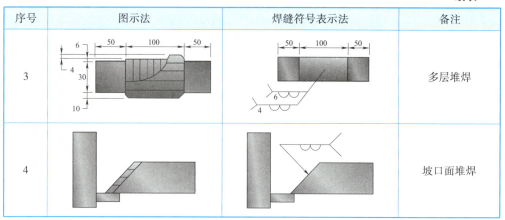		多层堆焊
4			坡口面堆焊

（五）点焊焊缝

1. 规则

点焊焊缝符号规则如图 5-25 所示。

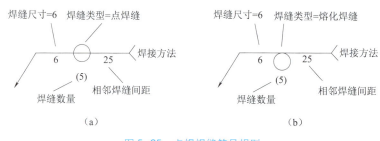

图 5-25　点焊焊缝符号规则

（a）电阻点焊；（b）熔化点焊

知识点拨：熔化点焊与电阻点焊符号的区别

一是基本符号所在位置不同：熔化点焊基本符号在水平参考线上面或下面，电阻点焊基本符号在水平参考线中间，如图 5-26 所示。

二是焊接方法不同：熔化点焊的焊接方法通常是气体保护焊或电子束焊，电阻点焊的焊接方法则是电阻焊。

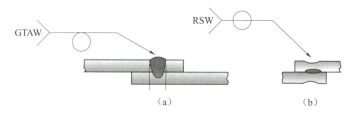

图 5-26　熔化点焊与电阻点焊符号位置

（a）熔化点焊；（b）电阻点焊

2. 实例

点焊符号实例见表 5-19。

表 5-19　点焊符号实例

序号	图示法	焊缝符号表示法	备注
1	A——A $A\text{-}A$ 6	6○ GTAW	非熔化极气体保护焊点焊
2	B 13 50 50 13 B $B\text{-}B$	126 13 RSW ○ 50	电阻点焊

（六）缝焊焊缝

缝焊焊缝符号规则如图 5-27 所示，缝焊符号实例如图 5-28 所示。

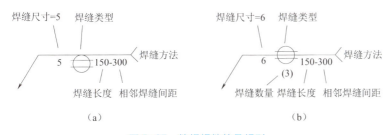

焊缝尺寸=5　焊缝类型　　　　　焊缝尺寸=6　焊缝类型

5 ○ 150-300　焊缝方法　　　6 ○ 150-300　焊缝方法

焊缝长度　相邻焊缝间距　　(3)　焊缝数量　焊缝长度　相邻焊缝间距

（a）　　　　　　　　　　　　　　（b）

图 5-27　缝焊焊缝符号规则

（a）熔化缝焊符号；（b）电阻缝焊符号

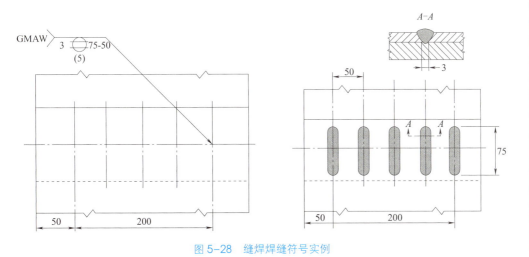

GMAW　3 ○ 75-50　(5)

图 5-28　缝焊焊缝符号实例

知识点拨：熔化缝焊与电阻缝焊符号的区别

一是基本符号所在位置不同：熔化缝焊在水平参考线上面或下面，电阻缝焊在水平参考线中间。

二是焊接方法不同：熔化缝焊的焊接方法通常是气体保护焊或电子束焊，电阻缝焊的焊接方法则是电阻焊。

（七）螺柱焊焊缝

1. 规则

螺柱焊焊缝符合规则如图 5-29 所示。

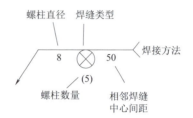

图 5-29　螺柱焊焊缝符号规则

2. 实例

螺柱焊焊缝符号示例如图 5-30 所示。

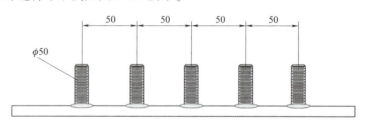

图 5-30　螺柱焊焊缝符号示例

（八）塞焊焊缝

塞焊焊缝符号示例如图 5-31 所示。

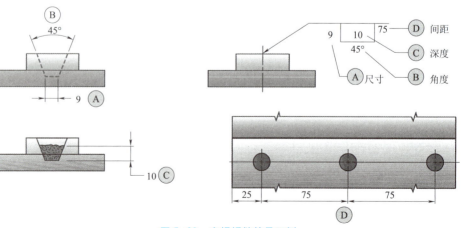

图 5-31　塞焊焊缝符号示例

（九）槽焊焊缝

槽焊焊缝符号示例如图 5-32 所示。

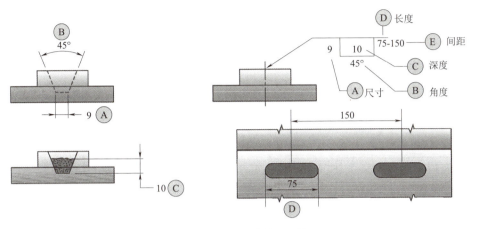

图 5-32　槽焊焊缝符号示例

项目实施

任务工单五

组名：	组员：	学号：	组内评价：	成绩：

任务描述：认识焊缝符号

目的：（1）掌握焊缝符号基础知识，具有焊缝符号的识别能力。

（2）掌握对接焊缝符号与角焊缝符号的含义，具备正确标注对接焊缝与角焊缝的能力。

（3）了解点焊缝、缝焊缝、端接焊缝、塞焊缝和槽焊缝符号的含义及应用。

任务实施：

1. 在教师的指导下，学习焊缝符号基础知识。

2. 对工程图纸进行焊缝符号的识别。

3. 对给定的焊接结构件进行焊缝符号的标注。

检查与评估

反馈信息描述	产生问题的原因	解决问题的方法	评估结果

指导教师评语：

指导教师签字：　　　　　　　　　　　　日期：　　年　　月　　日

项目拓展

识读组合件焊缝符号。

项目练习

一、选择题

1. 焊缝符号 中表示的焊缝位于（　　　）。

A. 箭头侧　　　　　B. 非箭头侧　　　　　C. 箭头两侧　　　　　D. 未表示位置

2. 焊缝符号（AWS A2.4） 中"A"表示（　　　）。

A. 焊缝长度　　　　B. 根部间隙　　　　C. 焊缝厚度　　　　D. 坡口深度

3. 焊缝符号 中最先焊接的焊缝是（　　　）。

A. A　　　　　　B. B　　　　　　C. C　　　　　　D. D

4. 焊缝符号 中为进行装配需进行加工坡口的工件是（　　　）。

A. A　　　　　　B. B　　　　　　C. C　　　　　　D. D

5. 焊缝符号 中表示焊缝的位置位于（　　　）。

A. A　　　　　　B. B　　　　　　C. C　　　　　　D. A 与 B

6. 焊缝符号 中表示焊缝的位置位于（　　　）。

A. A　　　　　　B. B　　　　　　C. C　　　　　　D. D

7. 焊缝符号 中表示焊缝的位置位于（　　　）。

A. A 与 B　　　　B. A 与 D　　　　C. B 与 D　　　　D. A 与 C

8. 焊缝符号 中表示焊缝的位置位于（　　　）。

A. A　　　　　　B. B　　　　　　C. C　　　　　　D. D

9. 焊缝符号 中"A"表示（　　　）。

A. 焊点直径　　　　B. 焊点数量　　　　C. 点距　　　　D. 点焊方法

10. 焊缝符号 中"B"表示（　　　）。

A. 焊点直径 1/4　　　　　　　　　　B. 焊点数量 5

C. 点距 6　　　　　　　　　　　　　D. 点焊方法 GTAW

11. 焊缝符号 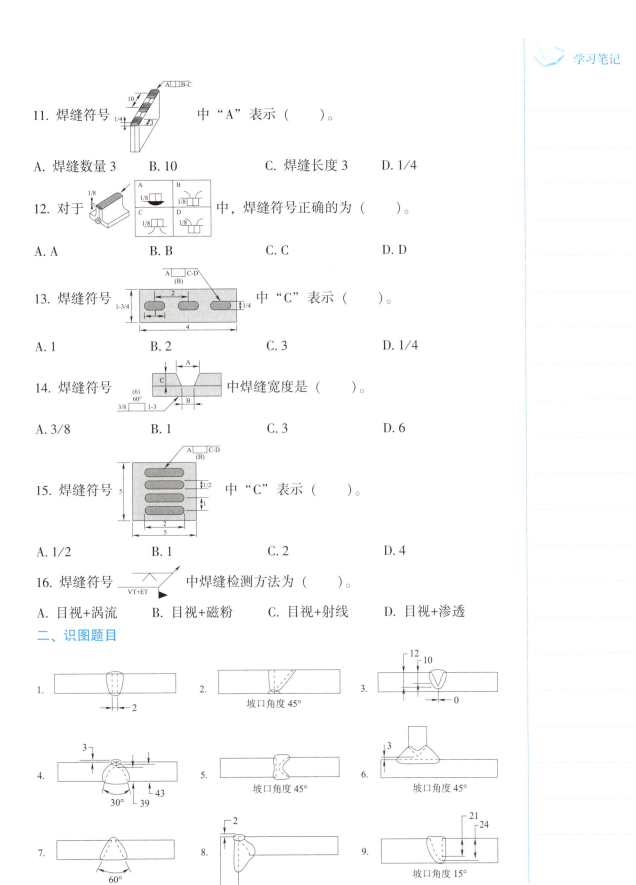 中"A"表示（ ）。

A. 焊缝数量 3　　　　B. 10　　　　　　C. 焊缝长度 3　　　　D. 1/4

12. 对于 中，焊缝符号正确的为（ ）。

A. A　　　　　　　B. B　　　　　　　C. C　　　　　　　D. D

13. 焊缝符号 中"C"表示（ ）。

A. 1　　　　　　　B. 2　　　　　　　C. 3　　　　　　　D. 1/4

14. 焊缝符号 中焊缝宽度是（ ）。

A. 3/8　　　　　　B. 1　　　　　　　C. 3　　　　　　　D. 6

15. 焊缝符号 中"C"表示（ ）。

A. 1/2　　　　　　B. 1　　　　　　　C. 2　　　　　　　D. 4

16. 焊缝符号 中焊缝检测方法为（ ）。

A. 目视+涡流　　　B. 目视+磁粉　　　C. 目视+射线　　　D. 目视+渗透

二、识图题目

学习笔记

10.
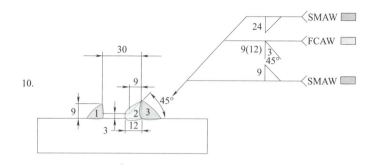

11.
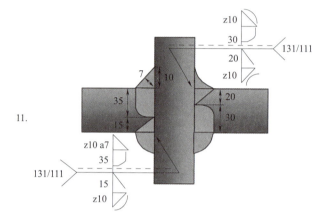

焊缝符号——
组合焊缝

项目六　焊接应力与变形

项目分析

　　控制焊接应力与变形是保证焊接质量的重要因素，本项目介绍了焊接应力与焊接变形的基础知识，对于后续课程的学习奠定基础。

学习目标

知识目标

- 掌握焊接应力与焊接变形的定义。
- 熟悉焊接变形的种类、产生原因及其影响因素。
- 熟悉常用焊接变形的防止与矫正措施。

技能目标

- 能正确识别常见焊接变形的种类，并具有初步正确分析焊接变形的能力。
- 具有焊接变形防止措施的工艺能力。
- 具有矫正常规焊接变形的能力。

素质目标

- 培养学生耐心细致、实践创新、精益求精的职业素养。
- 培养学生发现问题、分析问题和解决问题的能力。

知识链接

一、焊接应力与变形概述

（一）定义

　　焊接应力（Welding Stress）是指焊接构件在焊接过程中产生的应力。焊接变形（Welding Deformation）是指焊接过程中被焊工件受到焊接应力作用而产生的形状、尺寸变化。焊接残余应力是指焊件在焊接过程中，热应力、相变应力、加工应力等超过屈服极限，以致冷却后焊件中留有未能消除的应力。图6-1（a）所示为焊接变

形示意图，图6-1（b）所示为焊接应力示意图。

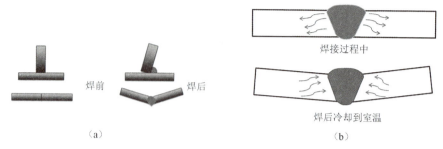

焊接过程中

焊后冷却到室温

焊前　焊后

（a）　（b）

图6-1　焊接变形与焊接应力示意图

（a）焊接变形；（b）焊接应力

（二）产生原因

焊件变形是由于焊件焊接时加热与冷却温度不均匀所引起的。焊接时，由于电弧热作用，电弧附近的金属温度显著提高，离电弧较远的金属温度就较低，这样焊件会出现不均匀的热膨胀。加热部分的金属，根据受热程度不同，就要相应地伸长，而未加热部分的金属要维持原来的长度，因此加热处的伸长受到冷金属的阻碍，而冷却时的缩短也会受到阻碍作用，故当应力超过金属的屈服点时，就会产生塑性变形。工件在焊接过程中的受力情况如图6-2所示。

焊接变形原理

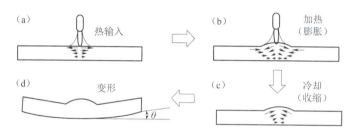

（a）　热输入　　　　　　（b）　加热（膨胀）

（d）　变形　　　　　　　（c）　冷却（收缩）

图6-2　焊接过程中工件的受力情况

（三）种类

焊件中存在的残余应力会引起焊接变形。常见的焊接变形有横向收缩变形（沿垂直于焊缝轴线方向尺寸的缩短）、纵向收缩变形（沿焊缝轴线方向尺寸的缩短）、角变形、弯曲变形、扭曲变形和波浪变形共六种，如图6-3所示。

角变形产生的原因：焊缝的截面一般是上宽下窄，因而横向收缩量在焊缝的厚度方向上分布不均匀，上面大、下面小，结果就形成了焊件的平面偏转，两侧向上翘起一个角度。

波浪变形产生的原因：薄板在进行对接焊后，存在于板中的内应力，在焊缝附近是拉应力，离开焊缝较远的两侧区域为压应力，如压应力较大，则平板失去稳定就会产生波浪变形。

其中焊缝的纵向收缩变形和横向收缩变形是基本的变形形式，在不同的焊件上，由于焊缝的数量和位置分布不同，这两种变形又可表现为其他几种不同形式的变形类型，如工字梁的扭曲变形、铝合金框架的波浪变形等。实际生产中工字梁、铝合金薄板框架结构的焊接变形示意图如图 6-4 所示。

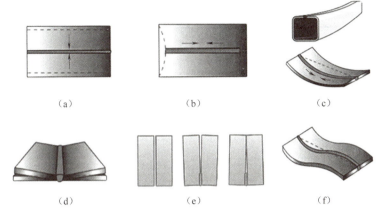

图 6-3　常见焊接变形种类

（a）横向收缩变形；（b）纵向收缩变形；（c）弯曲变形；（d）角变形；（e）旋转变形；（f）波浪变形

图 6-4　生产中焊接变形实例示意图

（a）工字梁的扭曲变形；（b）铝合金薄板的波浪变形

（四）影响因素

1. 材料因素

焊接变形主要是由于材料本身的物理特性造成的，尤其是材料的热膨胀系数、热传导系数以及弹性模量等对材料的作用，膨胀系数越大的材料，其焊接变形量就越大，弹性模量增大，焊接变形随之减小，而屈服极限大的则会造成较高的残余应力，导致变形增大。不锈钢的膨胀系数大于碳钢的膨胀系数，因此同等厚度的两种材料，不锈钢的焊接变形的趋势大于碳钢的。

材料物理性能对焊接变形的影响规律见表 6-1。

表 6-1　材料物理性能对焊接变形的影响规律

项目	弹性模量	热膨胀系数	热传导系数
变化趋势	↑	↑	↑
对焊接变形的影响规律	↓	↑	↓
说明：箭头向上表示增加，箭头向下表示减少			

几种常用材料物理量的对比见表6-2。

表6-2　几种常用材料物理量的对比

项目	弹性模量	热膨胀系数	热传导系数
碳钢	30（10^6）	7.0	0.12
不锈钢	29（10^6）	10	0.04
铝	10（10^6）	12	0.50
铜	15（10^6）	9.0	0.90

几种常用金属材料与钢的焊接变形比较见表6-3。

表6-3　几种常用金属材料与钢的焊接变形比较

材料种类	与钢的变形比较
碳钢	1.0
不锈钢	4.5
铝	1.2
铜	0.34
说明：其他工艺条件相同的情况下的比较	

2. 结构设计因素

焊接结构的设计对焊接变形的影响是最关键，也是最复杂的因素。在结构设计时需考虑以下几个问题：

1）在结构设计时针对结构板的厚度及筋板或加强筋的位置、数量等进行优化。

2）对焊缝位置的布置。

3）预留减应孔。

以上因素对减小焊接变形有着十分重要的作用。利用加强筋减小焊接变形的示意图如图6-5所示。

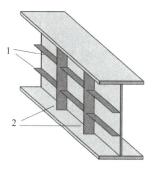

图6-5　利用加强筋减小焊接变形的示意图
1—垂直筋板；2—水平筋板

设计时应使焊缝尽可能对称于构件截面的中性轴，尽量使焊缝产生的弯曲变形抵消；或者使焊缝尽量靠近中性轴。中性轴与焊接变形关系示意图如图6-6所示。

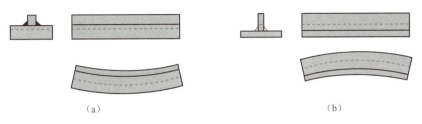

图 6-6　中性轴与焊接变形关系示意图

（a）焊缝在中性轴之上；（b）焊缝在中性轴之下

另外在焊缝的交叉处增加减应孔也是减小焊接变形的方法之一，如图 6-7 所示。

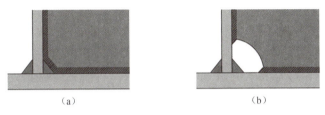

图 6-7　减应孔示意图

3. 焊接工艺因素

（1）焊接方法与焊接工艺参数的影响

对于金属结构的焊接，常用的焊接方法有埋弧焊、焊条电弧焊和 CO_2 气体保护焊等，各种焊接方法的热输入差别较大，其中埋弧焊热输入最大、收缩变形最大，手工电弧焊居中，钨极氩弧焊焊接变形最小。通常应选用不同的焊接参数，采用能量密度较高的焊接方法，通过较小的焊接热输入控制焊接温度场，以减小焊接变形。热输入与焊接变形的关系如图 6-8 所示。

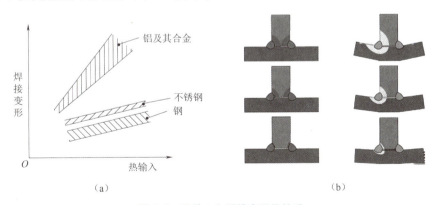

图 6-8　热输入与焊接变形的关系

（a）热输入对不同材料焊接变形的影响；（b）热输入对同种方法焊接变形的影响

（2）焊接接头形式的影响

1）对接接头在单道（层）焊的情况下，其焊缝横向收缩比堆焊和角焊大，在单面焊时坡口角度大，板厚上、下收缩量差别大，因而角变形较大。

2）在双面焊时情况有所不同，随着坡口角度和间隙的减小，横向收缩减小，同时角变形也减小。

3）T形角接接头和搭接接头时，其焊缝横向收缩情况与堆焊相似，横向收缩值与角焊缝面积成正比，与板厚成反比。坡口大小与焊接变形的关系如图6-9所示。

图6-9　坡口大小与焊接变形的关系

（3）焊接层数的影响

1）横向收缩：在对接接头多层焊接时，第一层焊缝的横向收缩符合对接焊的一般条件和变形规律，第一层以后相当于无间隙对接焊，接近于盖面焊道时与堆焊的条件和变形规律相似，因此，收缩变形相对较小。

2）纵向收缩：多层焊接时，每层焊缝的热输入比一次完成的单层焊时的热输入小得多，加热范围窄，冷却快，产生的收缩变形小，而且前层焊缝焊成后会对下层焊缝形成约束，因此，多层焊时的纵向收缩变形比单层焊时小得多，而且焊的层数越多，纵向变形越小。焊接层数与焊接变形的关系如图6-10所示。

图6-10　焊接层数与焊接变形的关系

（4）与金属填充量有关

对接接头的横向收缩量随焊缝金属量的增加而增加，如图6-11所示。

坡口角度60°

坡口角度40°

坡口角度0°

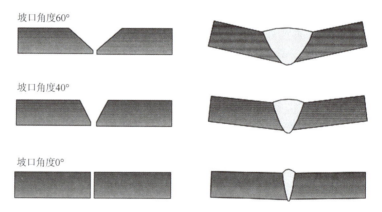

图6-11　焊接热输入与焊接变形的关系

（5）与间隙有关

装配间隙增加，横向收缩也增加。

（6）与焊接长度有关

焊缝的横向收缩沿焊接方向由小到大，逐渐增大到一定程度后便趋于稳定。

（7）与拘束程度有关

定位焊缝越长，横向收缩变形量就越小。

焊道数与焊接变形的关系

（8）与焊缝形式有关

角焊缝的横向收缩要比对接焊缝小得多。

4. 危害

焊接变形主要有以下危害：

1）影响焊件的精度及使用性能；

2）降低装配质量，甚至使产品报废；

3）降低结构的承载能力；

4）影响焊件的美观；

5）提高制造成本。

二、焊接变形的防止及矫正

（一）焊接变形防止措施

用来防止焊接变形的工艺措施是指在焊接构件生产制造过程中所采用的一系列措施，可将其分为焊前预防措施和焊接过程中的控制措施。

1. 焊前预防措施

焊前应力的控制措施主要包括反变形法、刚性固定法和预拉伸法。

（1）反变形法

反变形法是根据预测的焊接变形大小和方向，在焊件装配时造成与焊接残余变形大小相当、方向相反的预变形量（反变形量），焊后焊接残余变形抵消了预变形量，使构件恢复到设计要求的几何形状和尺寸。反变形法示意图如图 6-12 所示。

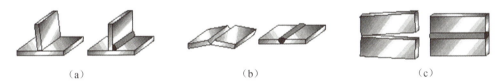

（a）　　　　　　　　（b）　　　　　　　　（c）

图 6-12　反变形法示意图

采用反变形法控制焊接残余变形，焊前必须较精确地掌握焊接残余变形量，通常用于控制构件焊后产生的弯曲变形和角变形，如反变形量留得适当，则基本可以抵消这两种变形。

反变形法

（2）刚性固定法

刚性固定法是采用夹具或刚性胎具将被焊构件加以固定来限制焊接变形的，对于刚度小的结构，刚性固定法可有效地控制角变形、波浪变形及弯曲变形。结构刚度越大，刚性固定法控制弯曲变形的效果就越差。刚性固定法可减少焊接变形，但会产生较大的焊接应力。采用压铁固定防止薄板焊后波浪变形的示意图如图 6-13 所示。

刚性固定法简单易行，适用面广，不足之处是焊后当外加刚性拘束卸掉后，焊件上仍会残留一些变形，不能完全消除，不过要比没有拘束时小得多。另外，刚性固定法将使焊接接头中产生较大的焊接应力，所以对于一些抗裂性较差的材料应该慎用。

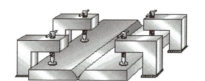

图 6-13　采用压铁固定示意图

（3）预拉伸法

预拉伸法是采用机械预拉伸或加热预拉伸的方法使钢板得到预先的拉伸与伸长，然后在张紧的钢板上进行焊接装配，焊后去除预拉伸或加热，使钢板恢复初始状态。此方法多用于薄板平面构件，可有效地降低焊接残余应力，防止波浪变形。

不同的预热温度在降低残余应力方面的差别：当预热温度为 300 ℃~400 ℃时，残余应力水平降低了 30%~50%；当预热温度为 200 ℃时，残余应力水平降低了 10%~20%。

2. 焊接过程控制措施

焊接过程中采用合理的焊接方法和焊接参数、选择合理的焊接次序及随焊强制冷却等措施均可降低焊接残余应力、减小焊接变形。

退焊法

（1）控制焊接方向

为控制焊接残余变形而采用的控制焊接方向的方法有以下几种：

1）长焊缝同方向焊接。如 T 形梁、工字梁等焊接结构，具有互相平行的长焊缝，施焊时，应采用同方向焊接，可以有效地控制扭曲变形，如图 6-14（a）所示。

2）逆向分段退焊法。同一条或同一直线的若干条焊缝，采用自中间向两侧分段退焊的方法，可以有效地控制残余变形，如图 6-14（b）所示。

3）跳焊法。当构件上有数量较多又互相隔开的焊缝时，可采用适当的跳焊，使构件上的热量分布趋于均匀，以减少焊接残余变形，如图 6-14（c）所示。

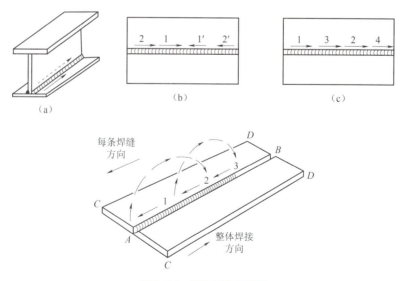

图 6-14　焊接变形示意图

（a）长焊缝同方向焊接；（b）逆向分段退焊法；（c）跳焊法

（2）控制焊接层数与焊接顺序

厚板焊接应尽可能采用多层焊代替单层焊，且要采取对称焊法，可显著减小焊接变形。当"T"形接头板厚较大时，可采用开坡口对接焊缝；当双面均可焊接操作时，可采用双面对称坡口，并在多层焊时采用与构件中心线（或轴线）对称的焊接顺序。焊接顺序对焊接变形的影响如图6-15所示。

  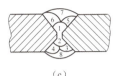 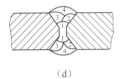

图6-15　焊接顺序对焊接变形的影响

（a）单侧先焊；（b）两侧交替焊；（c）交替控制焊；（d）同时对称焊

对于焊接顺序，应注意以下原则：

1）位于构件刚性最大的部位最后焊接；

2）由中间向两侧对称进行焊接；

3）先焊对接焊缝，然后焊角焊缝；

4）先焊短焊缝，后焊长焊缝；

5）先焊对接焊缝，后焊环焊缝；

对称焊法

6）当存在焊接应力时，先焊拉应力区，后焊剪应力和压应力区。

（3）采用散热法

焊接时通常采用强迫冷却的方法将焊接区的热量散走，减少受热面积，从而达到减少变形的目的，这种方法称为散热法。水冷散热法减小薄板焊接变形的示意图如图6-16所示。

图6-16　水冷散热法减小薄板焊接变形的示意图

（a）喷水冷却；（b）浸入水中冷却；（c）用水冷铜块冷却

1—焊炬；2—焊件；3—喷水管；4—水冷铜块

散热法不适用于焊接淬硬性较高的材料。

（4）采用自重法

利用焊件本身的质量在焊接过程中产生的变形来抵消焊接残余变形的方法称为自重法。如一焊接梁上部的焊缝明显多于下部［见图6-17（a）］，焊后整根梁产生下凹弯曲变形，为此焊前可将梁放在两个相距很近的支墩上［见图6-17（b）］。

首先焊接梁下部的两条直焊缝，由于梁的自重和焊缝的收缩，将使梁产生弯曲变形，焊接完成后，将支墩置于两头，并使梁反向搁置，随后焊接梁的上部，由于支墩是置于梁的两头，故梁的自重弯曲变形与第一次相反，不仅如此，上部焊缝的收缩变形方向也与下部焊缝收缩变形的方向相反，因此焊后梁的弯曲变形得以控制，如图6-17（c）所示。

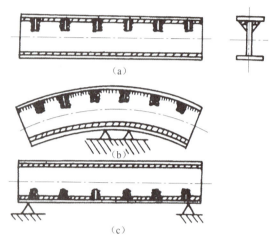

(a)

(b)

(c)

图6-17 自重法示意图

（二）矫正方法

1. 机械矫正法

利用手工锤击或机械压力矫正焊接残余变形的方法叫机械矫正法。

手工锤击矫正薄板波浪变形的方法如图6-18所示。图6-18（a）所示为薄板原始的变形情况，锤击时锤击部位不能是凸起的地方，这样结果只能朝反方向凸出，如图6-18（b）所示；接着又要锤击反面，结果不仅不能矫平，反而会增加变形。正确的方法是锤击凸起部分四周的金属，使之产生塑性伸长，并沿半径方向由里向外锤击，如图6-18（c）所示；或者沿着凸起部分四周逐渐向里锤击，如图6-18（d）所示。

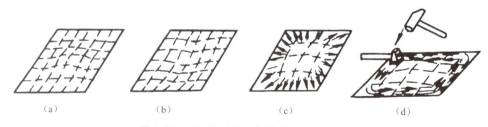

(a)   (b)   (c)   (d)

图6-18 手工锤击矫正焊接残余变形示意图

利用机械力矫正焊接残余变形的方法如图6-19所示。图6-19（a）所示为利用加压机构矫正工字梁焊后的弯曲变形；图6-19（b）所示为利用圆盘形辗轮辗压薄板焊缝及其两侧，使之伸长来消除薄板焊后的残余变形。

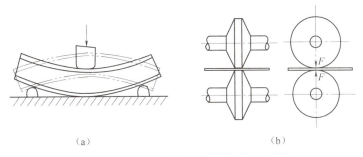

（a）　　　　　　　　　　　　（b）

图 6-19　机械压力矫正焊接残余变形示意图

（a）工字梁机械矫形；（b）薄板辗压矫形

　　手工锤击矫形劳动强度大，技术难度高，但无须设备，适用于薄板的焊后矫形。机械压力矫正效率高、速度快、效果好，但需要加压机构等设备，适用于中、大型焊件焊后的矫形。

2. 火焰矫正法

　　利用火焰对焊件进行局部加热时产生的塑性变形，使较长的金属在冷却后收缩，以达到矫正变形的方法，称为火焰加热矫正法。

　　（1）加热位置、火焰能率与矫正效果的关系

　　火焰矫正的效果主要取决于加热的位置和火焰的能率，不同的加热位置可以矫正不同方向的变形。若位置选择错误，则不但起不到矫正的作用，反而会使变形更加复杂、严重。

　　（2）加热方式

　　1）点状加热：加热的区域为一定直径范围的圆圈状点，故称点状加热，如图 6-20（a）所示。

　　2）线状加热：加热的区域为一定范围的直线，故称线状加热，如图 6-20（b）所示。

　　3）三角形加热：加热区域为一定范围的三角形，故称为三角形加热，如图 6-20（c）所示。

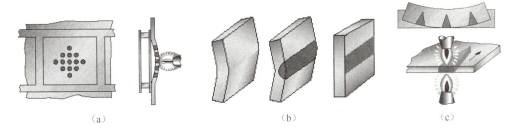

（a）　　　　　　　　　　（b）　　　　　　　　　　（c）

图 6-20　火焰矫正法加热方式示意图

（a）点状加热；（b）线状加热；（c）三角形加热

　　（3）火焰矫正实例

　　1）中部凸鼓工件的火焰矫正

　　步骤1：将板料置于平台上，用卡子将板料四周压紧。

步骤2：用点状加热方式加热凸鼓处周围，如图6-21（a）所示。

说明：也可采用线状加热方式，即从中间凸鼓部分的两侧开始加热，然后通过逐步向凸鼓处围拢的方式进行矫平，如图6-21（b）所示。

步骤3：矫平后再用锤子沿水平方向轻击卡子，便能松开卡子取出板料。

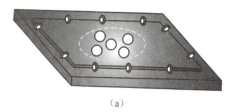 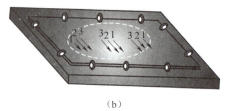

（a）　　　　　　　　　　　　　（b）

图6-21　中部凸鼓工件的火焰矫正法示意图

（a）点状加热；（b）线状加热

2）边缘波浪形工件的火焰矫正

步骤1：用卡子将板料三面压紧在平台上，波浪形变形集中的一边不要卡紧，如图6-22所示。

步骤2：用线状加热方式先从凸起两侧平的地方开始加热，再向凸起处围拢，加热次序如图6-22中的箭头所示。

说明：加热线长度一般为板宽的1/3～1/2，加热线距离视凸起的高度而定，凸起越高，距离应越近，一般取20～50 mm。若经过

图6-22　边缘波浪形工件的火焰矫正

第一次加热后还有不平，则可重复进行第二次加热矫正，但加热线位置应与第一次错开。

（4）火焰加热矫正注意事项

1）加热用火焰通常采用氧乙炔焰，火焰性质为中性焰，当要求加热深度小时，可采用氧化焰。

2）对于低碳钢和低合金结构钢，加热温度为600 ℃～800 ℃，此时焊件呈樱红色。

3）火焰加热的方式有点状、线状和三角形三种，其中三角形加热适用于厚度大、刚性强的焊件。

4）加热部位应该是焊件变形的凸出处，不能是凹处，否则变形将越矫越严重。

5）矫正薄板结构的变形时，为了提高矫正效果，可以在火焰加热的同时用水急冷，这种方法称为水火矫正法。对于厚度较大而又比较重要的构件或者淬硬倾向较大的钢材，不可采用水火矫正法。

6）夏天室外矫正，应考虑到日照的影响，因为中午和清晨加热效果往往不一样。

7）薄板变形的火焰矫正过程中，可同时使用木槌进行锤击，以加速矫正效果。

项目实施

任务工单六

组名：	组员：	学号：	组内评价：	成绩：

任务描述：认识焊接应力与焊接变形

目的：（1）掌握焊接应力与焊接变形的定义，熟悉焊接变形的类型、产生原因及其主要影响因素，具有焊接变形种类的识别能力。

（2）掌握焊接变形的防止措施。

（3）掌握常见焊接变形的矫正措施。

任务实施：

1. 在教师的指导下，学习焊接应力与焊接变形的基础知识，并能正确识别焊接变形的类型。

2. 利用焊接试验的方法，让学生探究、总结焊接变形的防止措施。

3. 利用焊接试验的方法，让学生探究、总结焊接变形的矫正措施。

检查与评估

反馈信息描述	产生问题的原因	解决问题的方法	评估结果

指导教师评语：

指导教师签字： 　　　　　　　　　　　　日期：　　年　　月　　日

项目拓展

学习焊接工、装、夹具的有关知识。

项目练习

一、选择题

1. 图 中焊接变形的种类是（　　　）。

A. 角变形　　　　B. 横向收缩变形　C. 纵向收缩变形　D. 波浪变形

2. 下图中（　　）是纵向收缩变形。

A. 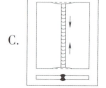　　　　　　B.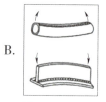

C. 　　　　　　　　　　　　D.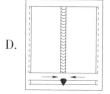

3. 焊接变形产生的原因是（　　）。

A. 加热　　　　　　　　　　B. 冷却

C. 不均匀的加热与冷却　　　　D. 不合格的母材

4. 加楔铁的刚性固定法  比不加楔铁的刚性固定法

 在控制焊接变形方面的优点是（　　）。

A. 简单　　　　　　　　　　B. 快速

C. 更适合装配　　　　　　　D. 减少了裂纹产生的倾向

6. 下列金属中，（　　）热膨胀系数最大。

A. 碳钢　　　　　B. 不锈钢　　　　C. 铝　　　　　D. 铜

7. 对于低碳钢和低合金结构钢，火焰矫正的温度为（　　）。

A. 200 ℃ ~300 ℃　B. 400 ℃ ~500 ℃　C. 600 ℃ ~800 ℃　D. 1 000 ℃ ~1 200 ℃

8. 图  中焊接变形产生的主要原因是（　　）。

A. 横向收缩量在焊缝的厚度方向上分布不均匀

B. 纵向收缩量在焊缝的厚度方向上分布不均匀

C. 在焊缝附近是拉应力，离开焊缝较远的两侧区域为压应力

D. 在焊缝附近是压应力，离开焊缝较远的两侧区域为拉应力

9. 为减小焊接变形，关于焊接顺序，错误的是（　　）。

A. 由中间向两侧对称进行焊接　　　B. 先焊长焊缝，后焊短焊缝

C. 先焊对接焊缝，后焊环焊缝　　　D. 位于构件刚性最大的部位最后焊接

10. 焊前应力的控制措施不包括（　　）。

A. 控制焊接工艺参数　　　　B. 采用反变形法

C. 采用刚性固定法　　　　　　　　D. 采用预拉伸法

11. 图 中采用的控制焊接变形的措施是（　　　）。

A. 对称焊法　　　B. 分段退焊法　　　C. 跳焊法　　　　D. 点固法

12. 图 中采用的控制焊接变形的措施是（　　　）。

A. 对称焊　　　　　B. 分段退焊法　　　C. 跳焊法　　　　D. 点固法

二、判断题

1. 火焰矫正时通常采用氧乙炔焰，火焰性质为中性焰。　　　　　（　　　）
2. 薄板有凸起的变形情况时，应锤击的部位是凸起的地方。　　　（　　　）
3. 弹性模量大的金属材料在相同的焊接条件下，焊接变形也大。　（　　　）
4. 横向收缩变形的大小与焊接层数有关。　　　　　　　　　　　（　　　）
5. 厚板易发生波浪变形。　　　　　　　　　　　　　　　　　　（　　　）

项目七　焊接质量控制

项目分析

　　焊接质量控制是焊接生产中的一个重要环节，熟悉焊接检验方法、正确分析焊接缺陷是对焊接工作者的基本要求，本项目介绍了焊接检验方法的分类和原理，同时着重介绍了熔化焊焊接缺陷的种类、产生原因及防止措施，为后续专业课程的学习奠定基础。

学习目标

知识目标

- 掌握焊接检验方法的分类、原理及目的。
- 熟悉力学性能检验衡量指标的含义。
- 掌握常见熔化焊焊接缺陷的种类。

技能目标

- 具有正确识别焊接检验方法、设备及试件的能力。
- 具有根据焊接检验指标正确判断材料性能的能力。
- 具有正确分析熔化焊焊接缺陷产生原因，并提出防止措施的能力。

素质目标

- 培养学生耐心细致、实践创新、精益求精的职业素养。
- 培养学生发现问题、分析问题和解决问题的能力。

知识链接

一、焊接检验

（一）方法概述

焊接检验方法众多，其常用分类方法如图 7-1 所示。

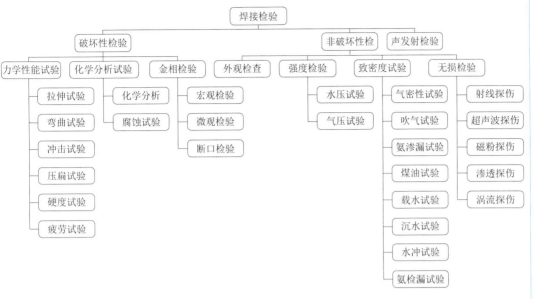

图 7-1　焊接检验方法

（二）破坏性检验

破坏性检验主要包括力学性能试验、金相检验与化学分析试验。

1. 力学性能试验

拉伸试验：在常温下，将标准试样安装在拉伸试验机上，缓慢加载，随着载荷的不断增加，试样的伸长量也逐渐增大，直至试样被拉断为止。以试样所受应力 σ 为纵坐标、应变 ε 为横坐标，绘制出来的应力应变曲线图就是拉伸曲线。

万能力学试验机、退火低碳钢的拉伸应力应变曲线和拉伸试验分别如图 7-2～图 7-4 所示。

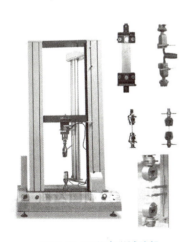

图 7-2　万能力学试验机

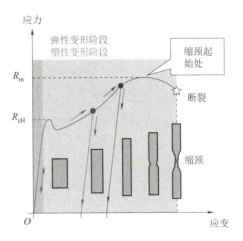

图 7-3　退火低碳钢的拉伸应力应变曲线

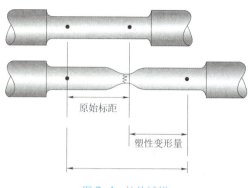

图 7-4   拉伸试样

材料承受拉应力直至拉断过程中，材料性能主要由强度和塑性衡量。强度指标主要是屈服强度和抗拉强度，塑性指标主要是断面收缩率和断后伸长率。

（1）强度

1）屈服强度：金属材料产生屈服现象时（在试验期间塑性变形产生，而力不增加）的应力点，一般规定数值为拉伸试样原标距长度的0.2%，即用 $\delta_{0.2}$ 表示。金属构件在工作中一般不允许产生塑性变形，所以屈服点作为设计时的主要依据。

2）抗拉强度：试样在被拉断前所能承受的最大应力，用 δ_b 表示。

（2）塑性

材料在载荷作用下，产生塑性变形而不被破坏的能力称为塑性。

1）衡量指标。

①伸长率。

试样被拉断时标距长度与原始标距长度的百分比，用 A 表示，伸长率如图 7-5 所示，其计算公式为

$$A = (l_u - l_0) / l_0 \times 100\% \qquad (7-1)$$

式中 l_0——试样原始标距长度，mm；

l_u——试样被拉断时的标距长度，mm。

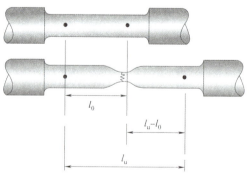

图 7-5   伸长率示意图

②断面收缩率。

断面收缩率是指试样被拉断时缩颈处的横截面积的最大缩减量与原始横截面积

的百分比, 用 Z 表示, 如图 7-6 所示, 其计算过程为

$$Z = (S_0 - S_u)/S_0 \times 100\% \tag{7-2}$$

式中 S_0——试样原始横截面面积, mm^2;

S_u——试样被拉断时缩颈处的最小横截面面积, mm^2。

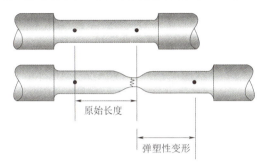

图 7-6 断面收缩率示意图

2) 试验目的。

焊接接头的弯曲试验是以国家标准 (GB/T 2653—2008) 为依据进行的, 该标准适用于熔焊和压焊对接接头, 用以检验接头拉伸面上的塑性及显示缺陷。焊接接头的弯曲试样按试样的长度与焊缝的相对位置可分为横向弯曲试样和纵向弯曲试样。按弯曲试样受拉面在焊缝中的位置可分为正弯、背弯和侧弯。

①横弯试样: 焊缝轴线与试样纵轴垂直时的弯曲。

②纵弯试样: 焊缝轴线与试样纵轴平行时的弯曲。

③正弯试样: 试样受拉面为焊缝正面的弯曲。双面不对称焊缝, 正弯试样的受拉面为焊缝最大宽度面; 双面对称焊缝, 先焊面为正面。

④背弯试样: 试样受拉面为焊缝背面的弯曲。

⑤侧弯试样: 试样受拉面为焊缝纵剖面的弯曲。

对接接头背弯试验、正弯试验及侧弯试验的试验过程如图 7-7 (a) ~图 7-7 (c) 所示。

| (a) | (b) | (c) |

图 7-7 弯曲测试示意图

(a) 背弯; (b) 正弯; (c) 侧弯

(3) 冲击测试

材料在冲击载荷的作用下抵抗破坏的能力称为冲击韧性, 冲击韧性值通过冲击试验得到, 冲击试验目前最普遍采用摆锤式一次冲击试验。

原理: 由于摆锤的冲击, 样品会被一次过载事件而破坏。停止指针用于记录在

压裂试样后摆锤向上摆动的程度，测试过程如图7-8所示。通常通过测量试样断裂中吸收的能量来确定金属的冲击韧性。

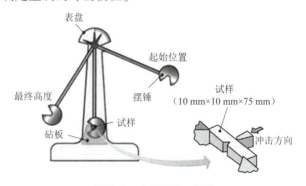

图7-8　冲击测试示意图

这可以通过记录摆锤释放的高度和摆锤撞击试样（缺口为 U 形或者 V 形）后摆动的高度来简单地获得。摆的高度乘以摆的重量产生势能，并且在测试的开始和结束时摆的势能差等于吸收的能量，称为冲击吸收功，记作 A_K，计算公式为

$$A_K = mgh_1 - mgh_2 \qquad (7-3)$$

式中　m——摆锤的质量；

　　　g——重力加速度；

　　　h_1——摆锤起始高度；

　　　h_2——摆锤最终高度。

冲击吸收功可以直接从冲击试验机的表盘上读出。

用冲击吸收功除以冲击试样缺口底部的横截面面积即得到冲击韧性值：

$$a_k = A_k / S \qquad (7-4)$$

式中　S——试样缺口底部横截面面积，mm^2。

影响因素：

由于韧性受温度的影响很大，故在低温下材料更脆并且冲击韧性低，而在高温下材料更具延展性，冲击韧性更高，如图7-9所示。韧脆转变温度是脆性和延性行为之间的界限，并且该温度通常是选择材料时非常重要的考虑因素。

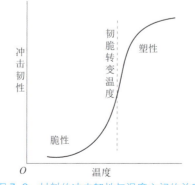

图7-9　材料的冲击韧性与温度之间的关系

2. 硬度测试

（1）定义

硬度是指金属材料抵抗比它硬的物质压入其表面的能力，即抵抗局部塑性变形的能力，目前生产中应用最广泛的硬度测试方法有布氏硬度、洛氏硬度和维氏硬度。

（2）硬度种类

1）布氏硬度。

布氏硬度试验原理如图 7-10 所示。用一定直径的硬质合金球做压头，以相应试验力加载压入被测金属表面，保持规定的时间后，卸载试验力，即在金属试样表面出现一个压痕，以压痕单位面积上所承受的试压力的大小来确定被测金属材料的硬度值，用 HBW 表示。

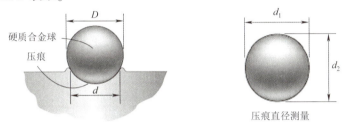

图 7-10　布氏硬度试验原理

布氏硬度的单位为 kgf/mm^2（$1\ kgf = 9.8\ N$），一般测出平均压痕直径后，通过布氏硬度表查出对应的值。

布氏硬度的表示：450HBW5/750/20。

450 表示布氏硬度值；5 表示硬质合金球的直径为 5 mm；750 和 20 表示在 750 kgf 力作用下保持 20 s 所测得的硬度值。

2）洛氏硬度。

洛氏硬度试验原理如图 7-11 所示，其用顶角为 120° 的金刚石圆锥体或直径为 1.588 mm 的淬火钢球作压头，在初载荷与初、主载荷的先后作用下，将压头压入试件表面，保持规定的时间后卸除主载荷，根据压痕深度确定金属硬度值。

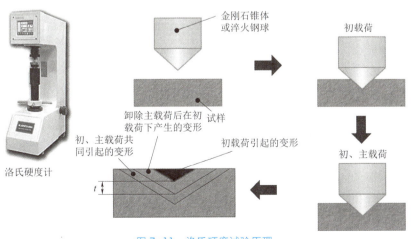

图 7-11　洛氏硬度试验原理

洛氏硬度的表示：

$$HR = (K-h)/c$$

式中　K——常数，金刚石作压头，$K=0.2$ mm；淬火钢球作压头，$K=0.26$ mm；

　　　h——主载荷解除后试件的压痕深度；

　　　c——常数，一般情况下 $c=0.002$ mm。

被测金属材料的硬度值在卸除主载荷后直接从硬度计表盘上读数，洛氏硬度表示符号为 HR。常用洛氏硬度有 HRA、HRB、HRC 三种。

3）维氏硬度。

维氏硬度试验原理基本上与布氏硬度试验原理相同，测试原理如图 7-12 所示，区别在于使用的压头不同。维氏硬度使用两相对面夹角为 136°的正四棱锥体金刚石作压头，压痕为四方锥形。维氏硬度符号用 HV 表示，即

$$HV = F/S_{压} = 1.854\ 4F/d^2$$

式中　F——试验力，单位 kgf；

　　　$S_{压}$——压痕表面积，单位 mm^2；

　　　d——压痕两对角线长度的算数平均值，单位 mm。

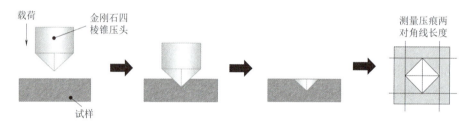

图 7-12　洛氏硬度试验原理

3. 金相检验

金相检验是一道非常严谨的工作流程，取样、镶嵌、磨制、抛光、侵蚀、观察，每一项工序都要求工作人员仔细认真完成，其中任何一道工序出现工作失误都可能造成漏检或伪缺陷。金相试样的制备流程一般分为以下 5 个步骤，具体如图 7-13 所示。

（1）取样

试样大小要便于握持、易于磨制，通常取 $\phi15$ mm×15～20 mm 的圆柱体或边长为 15～25 mm 的立方体。对形状特殊或尺寸细小不易握持的试样，要进行镶嵌或机械夹持。

（2）镶样

镶样分冷镶嵌和热镶嵌两种，镶嵌材料有胶木粉、电玉粉等。胶木粉不透明，有各种颜色，比较硬，试样不易倒角，但耐腐蚀性能比较差；

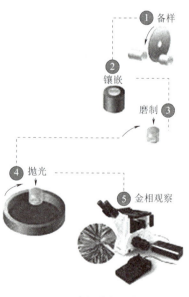

图 7-13　金相试样制作过程

电玉粉为半透明或透明的，耐腐蚀性能好，但较软。用这两种材料镶样均需采用专门的镶样机加压加热才能成形。

对温度及压力极敏感的材料（如淬火马氏体与易发生塑性变形的软金属），以及微裂纹的试样，应采用冷镶、洗涤后，在室温下固化，将不会引起试样组织的变化。环氧树脂、牙托粉镶嵌法对粉末金属、陶瓷多孔性试样特别适用。

（3）磨制

粗磨：整平试样，并磨成合适的形状，通常在砂轮机上进行。

精磨：常在砂纸上进行。砂纸分水砂纸和金相砂纸。通常水砂纸为 SiC 磨料，不溶于水；金相砂纸的磨料有人造刚玉、碳化硅、氧化铁等，极硬，呈多边棱角，具有良好的切削性能。精磨时可用水作润滑剂手工湿磨或机械湿磨，通常使用粒度为 240#、320#、400#、500#、600# 的五种水砂纸进行磨光后即可进行抛光，对于较软的金属，则应用更细的金相砂纸磨光后再抛光。

（4）抛光

抛光可使磨光留下的细微磨痕成为光亮无痕的镜面。

粗抛：除去磨光的变形层，常用的磨料是粒度为 $10\sim20\ \mu m$ 的 $\alpha-Al_2O_3$、Cr_2O_3 或 Fe_2O_3，加水配成悬浮液使用。目前，人造金刚石磨料已逐渐取代了氧化铝等磨料。

精抛（又称终抛）：除去粗抛产生的变形层，使抛光损伤减到最小。要求操作者有较高的技巧。

注意事项：在磨抛过程中要根据材料的不同选择适合的添加辅料，以免因使用不当的辅料对材料产生化学反应，如铝材绝不能用氧化铝抛光粉，否则会产生化学反应，引起材料组织结构变化，从而影响试验数据及结果等。

（5）金相试样的化学腐蚀

将已抛光好的试样用水冲洗干净或用酒精擦掉表面残留的脏物，然后将试样磨面浸入腐蚀剂中，或用竹夹子或木夹夹住棉花球沾取腐蚀剂在试样磨面上擦拭，抛光的磨面即逐渐失去光泽；待试样腐蚀合适后马上用水冲洗干净，用滤纸吸干或用吹风机吹干试样磨面，即可放在显微镜下观察。高倍观察时腐蚀稍浅一些，而低倍观察则应腐蚀较深一些。

（6）观察

观察可分为宏观分析和微观分析。在宏观分析时先用肉眼或低于 10 倍的放大镜对试样表面进行观察分析，看是否有宏观缺陷，对金属面晶粒大小进行粗略判定。微观检验时，用放大 100 倍的显微镜头对整个被检面的晶粒度进行分析评定，并对整个被检面的组织进行粗略观察，然后用 200 倍镜头对金相组织仔细判定，对于晶粒较小的材质再用 500 倍镜头仔细分析。总之尽量做到客观严谨。

（三）非破坏性检验

1. 目视检测（VT）

（1）原理

目视检查是由检查者根据自身感觉器官（以目视为主）和经验进行的检查、判断。自动化目视检测原理如图 7-14 所示。

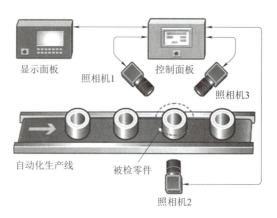

显示面板　　　　　控制面板

照相机1　　　　　　　照相机3

自动化生产线　　　被检零件

照相机2

图 7-14　自动化目视检测原理示意图

目视检测由于直观、方便、高效，因此对焊接结构的所有可见焊缝都能够进行目视检测。目视检测在国内实施的比较少，但其是国际上非常重视的无损检测第一阶段的首要方法。按照国际惯例，目视检测要先做，以确认不会影响后面的检验，接着再做五大常规检验。

（2）应用

1）焊接后清理质量检测。所有焊缝及边缘，应无焊渣、飞溅及阻碍外观检测的附着物。

2）焊接缺欠检测。在整条焊缝和热影响区附近，应无裂纹、夹渣、焊瘤、烧穿等缺陷，气孔、咬边应符合有关标准规定。

3）几何形状检测。重点检测焊缝与母材连接处以及焊缝形状和尺寸急剧变化的部位。

4）焊接的伤痕补焊检测。重点检测装配工夹具拆除部位、钩钉吊卡焊接部位、母材引弧部位、母材机械划伤部位等，应无缺肉及遗留焊瘤，无表面气孔、裂纹、夹渣、疏松等缺陷，划伤部位不应有明显棱角和沟槽，伤痕深度不超过有关标准规定。

2. 射线检测（RT）

（1）X 射线的产生及其性质

1）X 射线的产生

用来产生 X 射线的装置是 X 射线管。在 X 射线管中：首先，对灯丝通电预热，产生电子热发射，形成电子云（大约 20 min）；然后对阴极和阳极施加高压电（几百 kV），形成高压电场，加速电子，并使其定向运动；被加速的电子最终撞击到阳极靶上，将其高速运动的动能转化为热能和 X 射线。X 射线管及其工作原理如图 7-15 所示。

2）X 射线的性质。

①不可见，以光速直线传播。

②具有可穿透可见光不能穿透的物质的能力，并且在物质中衰减。

③可以使物质电离，能使胶片感光，也能够使某些物质产生荧光。

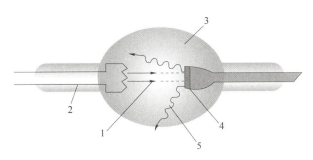

图 7-15　X 射线管及其工作原理

1—电子；2—灯丝；3—真空；4—阳极靶；5—X 射线

④能引起生物效应，伤害和杀害细胞。

（2）原理

射线照相检验法的原理：射线能穿透肉眼无法穿透的物质使胶片感光，当 X 射线或 γ 射线照射胶片时，与普通光线一样，能使胶片乳剂层中的卤化银产生潜影。由于不同密度的物质对射线的吸收系数不同，故照射到胶片各处的射线能量会产生差异，由此便可根据暗室处理后的底片各处黑度差来判别缺陷。射线检测原理如图 7-16 所示。

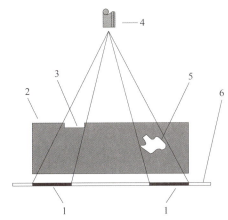

图 7-16　射线检测原理

1—暗区；2—工件；3—工件较薄处；4—射线源；5—孔；6—胶片

射线的种类很多，其中易穿透物质的有 X 射线、γ 射线、中子射线三种。这三种射线都被用于无损检测，其中 X 射线和 γ 射线广泛用于锅炉压力容器压力管道焊缝和其他工业产品、结构材料的缺陷检测，而中子射线仅用于一些特殊场合。射线检测是最基本、应用最广泛的一种非破坏性检验方法。

（3）特点

1）优点。

①缺陷显示直观：射线照相法用底片作为记录介质，通过观察底片能够比较准确地判断出缺陷的性质、数量、尺寸和位置。

②容易检出那些形成局部厚度差的缺陷：对气孔和夹渣之类缺陷有很高的检出率。

③射线照相能检出的长度与宽度尺寸分别为毫米数量级和亚毫米数量级，甚至更少，且几乎不存在检测厚度下限。

④几乎适用于所有材料，在钢、钛、铜、铝等金属材料上使用均能得到良好的效果，该方法对试件的形状、表面粗糙度没有严格要求，材料晶粒度对其不产生影响。

2）射线检测的局限。

①对裂纹类缺陷的检出率则受透照角度的影响，且不能检出垂直照射方向的薄层缺陷，例如钢板的分层。

②检测厚度上限受射线穿透能力的限制。

③一般不适宜钢板、钢管、锻件的检测，也较少用于钎焊、摩擦焊等焊接方法的接头的检测。

④射线照相法检测成本较高、检测速度较慢。

⑤射线对人体有伤害，需要采取防护措施。

3. 超声波检测（UT）

（1）原理

超声波检测就是先用发射探头向被检物内部发射超声波，再用接收探头接收从缺陷处反射回来或穿过被检工件后的超声波，并将其在显示仪表上显示出来，通过观察与分析反射波或透射波的时延与衰减情况，即获得物体内部有无缺陷以及缺陷的位置、大小和性质等方面的信息，如图7-17所示。

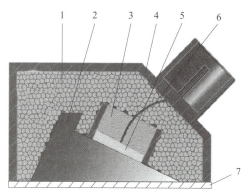

图7-17　超声波检测原理

1—吸声材料；2—斜楔；3—阻尼块；4—外壳；5—压电晶片；6—电缆线

（2）特点

1）优点：穿透能力强，可对较大厚度范围内的工件内部缺陷进行检测，如对于金属材料，可检测厚度为1~2 mm的薄壁管材和板材，也可检测几米长的钢锻件；缺陷定位较准确；对面积型缺陷的检出率较高；灵敏度高，可检测工件内部尺寸很小的缺陷；检测成本低，速度快，设备轻便，对人体及环境无害，现场使用较方便。

2）缺点：对工件中的缺陷进行精确的定性、定量仍需做深入研究；对具有复杂形状或不规则外形的工件进行超声检测有困难；缺陷的位置、取向和形状对检测结果有一定影响；工件材质、晶粒度等对检测有较大影响；检测结果显示不直观，

检测结果无直接见证记录。

（3）应用

适用范围：适用于金属、非金属和复合材料等多种制件。原材料、零部件检测：钢板、钢锻件、铝及铝合金板材、钛及钛合金板材、复合板、无缝钢管等。

4. 磁粉探伤（MT）

（1）磁粉检测的原理

磁粉检测的原理：铁磁性材料和工件被磁化后，由于不连续存在，故使工件表面和近表面的磁力线发生局部畸变而产生漏磁场，吸附施加在工件表面的磁粉，形成在合适光照下目视可见的磁痕，从而显示出不连续性的位置、形状和大小。磁粉检测原理如图7-18所示。

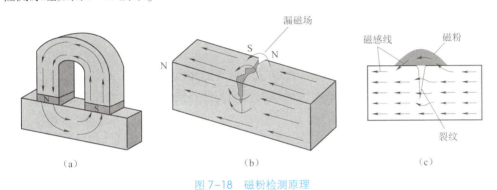

图 7-18 磁粉检测原理

（2）工艺过程

磁粉探伤工艺过程：预处理—磁化—施加磁粉或磁悬液—检查—退磁—后处理。图7-19所示为几个典型的工艺过程。

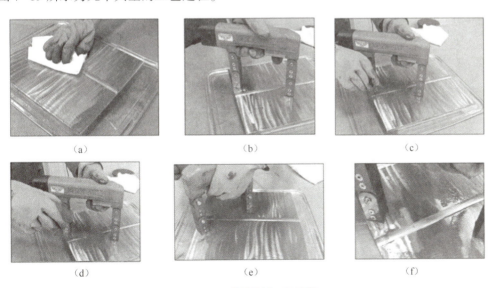

图 7-19 磁粉检测工艺过程

（a）预处理；（b）磁化；（c）施加磁粉或磁悬液；（d）清理多余磁粉；
（e）检查；（f）转90°重新磁化检测

（3）特点

1）优点。

①能直观显示缺陷的形状、位置、大小和严重程度，并可大致确定缺陷的性质。

②具有高灵敏度，磁粉在缺陷上聚集形成的磁痕有放大作用，可检出缺陷的最小宽度约为 0.1 μm，能发现深度约为 10 μm 的微裂纹。

③适应性好，几乎不受试件大小和形状的限制，综合采用多种磁化方法，可检测工件上各个方向的缺陷。

④检测速度快，工艺简单，操作方便，效率高，成本低。

2）缺点。

①只能用于检测铁磁性材料，如碳钢、合金结构钢等；不能用于检测非铁磁性材料，如镁、铝、铜、钛及奥氏体不锈钢等。

②只能用来检测表面和近表面缺陷，不能检测埋藏较深的缺陷，可检测的皮下缺陷的埋藏深度一般不超过 1~2 mm。

③难以定量确定缺陷埋藏的深度和缺陷自身的高度。

④通常采用目视法检查缺陷，磁痕的判断与解释需要有技术经验和素质。

（4）应用

磁粉检测主要的应用是探测铁磁性工件表面和近表面的宏观几何缺陷，例如表面气孔、裂纹等。磁粉检测可用于板材、型材、管材、锻造毛坯等原材料和半成品的检查，也可用于锻钢件、焊接件、铸钢件加工制造过程中工序间检查和最终加工检查，还可用于重要设备机械、压力容器、石油储罐等工业设施在役检查等。图 7-20 所示为天车吊钩的磁粉检测。

图 7-20　磁粉检测吊钩

5. 渗透检测（PT）

（1）原理

渗透检测，本质上是利用液体的表面能，当液体和固体界面接触时会出现三种现象，如图 7-21 所示，图中 θ 为接触角。

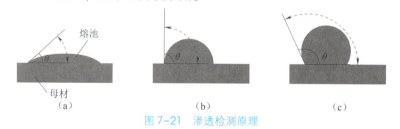

图 7-21　渗透检测原理

（a）θ=0°，全部润湿；（b）θ<90°，部分润湿；（c）θ>90°，不润湿

对某一液体而言，表面张力越小，当液体在界面铺展时克服这个力所做的功越少，则润湿效果越好。

毛细现象：当液体润湿毛细管或含有细微缝隙的物体时，液体沿毛细缝隙流动的现象，如图7-22所示。

如果液体能润湿毛细管，则液体在毛细管内上升，管子的内径越小，则里面上升的水面也就越高。例如水在玻璃毛细管内，液面是上升的，相当于水渗入毛细管内。如果液体不能润湿毛细管，则液体在毛细管内降低。例如水银（Hg）在玻璃毛细管内，液面是下降的。

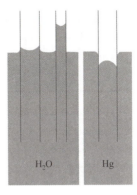

图7-22　毛细现象

渗透检测基本原理：零件表面被施涂含有荧光染料或着色染料的渗透剂后，在毛细管的作用下，经过一段时间，渗透液可以渗透进表面开口缺陷中；经去除零件表面多余的渗透液后，再在零件表面施涂显像剂，同样，在毛细管的作用下，显像剂将吸引缺陷中保留的渗透液，渗透液回渗到显像剂中，在一定的光源下（紫外线光或白光），缺陷处的渗透液痕迹被显示（黄绿色荧光或鲜艳红色），从而探测出缺陷的形貌及分布状态。渗透检测原理如图7-23所示。

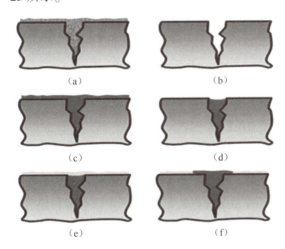

图7-23　渗透检测原理

(a) 含有污物的裂纹；(b) 彻底清理污物；(c) 喷渗透剂；
(d) 清理多余的渗透剂；(e) 喷显像剂；(f) 裂纹显示

（2）过程

渗透检测时可将零件表面的开口缺陷看作是毛细管或毛细缝隙。由于所采用的渗透液都是能润湿零件的，因此渗透液在毛细作用下能渗入表面缺陷中去，使缺陷附近的表面有所不同，此时可以直接进行观察，而如果使用显像剂进行显像，灵敏度会大大提高。显像过程也是利用渗透的作用原理。显像剂是一种细微粉末，显像剂微粉之间可形成很多半径很小的毛细管，这种粉末又能被渗透液所润湿，所以当清洗完零件表面多余的渗透液后，给零件的表面敷散一层显像剂，根据上述的毛细

现象，缺陷中的渗透液就容易被吸出，形成一个放大的缺陷显示。

渗透检测操作过程如图 7-24 所示。

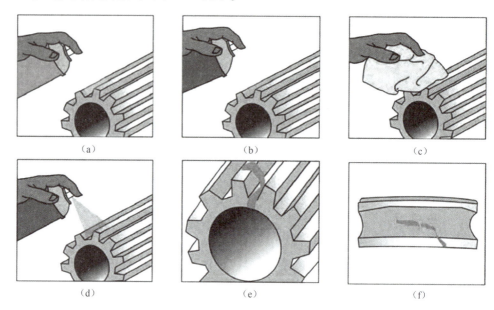

（a）　　　　　　　　　　（b）　　　　　　　　　　（c）

（d）　　　　　　　　　　（e）　　　　　　　　　　（f）

图 7-24　渗透检测过程

（a）清洗工件；（b）施加渗透剂；（c）去除多余的渗透剂；（d）施加显像液；（e）缺陷显示；（f）清洗后缺陷

（3）特点

1）优点。

①不受被检工件磁性、形状、大小、组织结构、化学成分及缺陷方位的限制，一次操作能检查出各个方向的缺陷。

②操作及设备简单。

③缺陷显示直观，灵敏度高。

2）缺点。

①只能检测出材料的表面开口缺陷，对于埋藏于材料内部的缺陷，渗透检测就无能为力了。必须指出，由于多孔性材料的缺陷图像显示难以判断，所以渗透检测并不适合多孔性材料表面缺陷的检测。

②渗透剂成分对被检工件具有一定的腐蚀性，故必须严格控制硫、钠等微量元素的存在。

③渗透剂所用的有机溶剂具有挥发性，工业染料相对于人体有毒性，故必须注意吸入防护。

（4）应用

渗透检测主要的应用是检查金属（钢、铝合金、镁合金、铜合金、耐热合金等）和非金属（塑料、陶瓷等）工件的表面开口缺陷，例如表面裂纹等。

6. 涡流检测（ET）

（1）原理

当载有交变电流的检测线圈靠近导电试件（相当于次级线圈）时（相当于导体

处在变化的磁场中或相对于磁场运动切割磁力线），由电磁感应理论可知，与涡流伴生的感应磁场与原磁场叠加，使得检测线圈的复阻抗发生改变。导电体内感生涡流的幅值大小、相位、流动形式及伴生磁场受到导电体物理及制造工艺性能的影响。因此，通过测定检测线圈阻抗的变化，就可以非破坏性地判断出被测试件的物理或工艺性能及有无缺陷等，此即为涡流检测的基本原理，如图7-25所示。

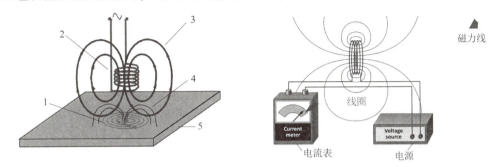

图7-25 涡流检测原理

1—涡流；2—线圈；3—线圈磁场范围；4—涡流磁场；5—导体

（2）特点

1）优点。

①检测时既不需要接触工件也不需要耦合剂，可在高温下进行检测。同时探头可延伸至远处检测，可有效对工件的狭窄区域及深孔壁等进行检测。

②对表面和近表面缺陷的检测灵敏度很高。

③对管、棒、线材易于实现高速、高效率的自动化检测，可对检测结果进行数字化处理，然后进行存储、再现及数据处理。

2）缺点。

①只适用于导电金属材料或能感生涡流的非金属材料的检测。

②只适用于检测工件表面及近表面缺陷，不能检测工件深层的内部缺陷。

③涡流效应的影响因素多，目前对缺陷的定性和定量还比较困难。

（3）应用

涡流探伤仪常用于军工、航空、铁路、工矿企业，可在野外或现场使用，是具有多功能、实用性强、高性能、高性价比特点的仪器，广泛应用于各类有色金属、黑色金属管、棒、线、丝、型材的在线、离线探伤。对金属管、棒、线、丝、型材的缺陷，如表面裂纹、暗缝、夹渣和开口裂纹等缺陷，均具有较高的检测灵敏度。涡流检测的应用见表7-1。

表7-1 涡流检测的应用

检测目的	影响涡流特性的因素	用途
探伤	缺陷的形状、尺寸和位置	导电的管、棒、线材及零部件的缺陷检测
材质分选	电导率	材料分选和非磁性材料电导率的测定
测厚	检测距离和薄板长度	覆膜和薄板厚度的测量

续表

检测目的	影响涡流特性的因素	用途
尺寸检测	工件的尺寸和形状	工件尺寸和形状的控制
物理量测量	工件与检测线圈之间的距离	径向振幅、轴向位移及运动轨迹的测量

二、熔化焊焊接缺陷

根据 GB/T 6417.1—2005《金属熔化焊接头缺欠分类及说明》，焊接缺欠（Weld Imperfection）泛指焊接接头中的不连续性、不均匀性以及其他不健全的欠缺，在产品中它是允许存在的；而焊接缺陷是（Weld Defect）指不符合焊接产品使用性能要求的焊接缺欠，焊接缺陷在产品中是不允许存在的，如果存在则标志着判废或必须返修。

熔焊接头缺欠分为以下几类：第1类裂纹；第2类孔穴；第3类固体夹杂；第4类未熔合和未焊透；第5类形状和尺寸不良；第6类其他缺欠。这些缺陷减少了焊缝截面积，产生应力集中，降低了承载能力和疲劳强度，易引起焊件破裂等各种事故。根据焊接缺陷存在的部位，可以分为外部缺陷和内部缺陷两种。

（一）裂纹

裂纹是指金属原子的结合遭到破坏，形成新的界面而产生的缝隙，如图 7-26 所示。裂纹可以从不同的角度分类，其中根据裂纹产生的机理，可分为热裂纹、冷裂纹、再热裂纹、层状撕裂及应力腐蚀裂纹等；根据裂纹的走向及形状，可分为横向裂纹、纵向裂纹、放射状裂纹（源于同一点的裂纹）及枝状裂纹（源于同一裂纹并连在一起的裂纹）等；根据裂纹产生的部位，可分为焊趾裂纹、弧坑裂纹、根部裂纹、热影响区裂纹等。

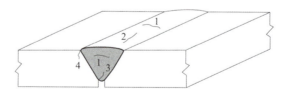

图 7-26 裂纹示意图

1—横向裂纹（与焊缝轴线垂直）；2—纵向裂纹（与焊缝轴线平行）；

3—根部裂纹；4—热影响区裂纹

1. 热裂纹

（1）特征

1）热裂纹可发生在母材、焊缝区或热影响区，可能是纵向、横向或是放射状的。

2）热裂纹的微观特征是沿晶界开裂，所以又称晶间裂纹。因热裂纹在高温下形成（如 Fe 和 FeS 易形成低熔点共晶，其熔点为 988 ℃），所以有氧化色彩。

3）焊后立即可见。

（2）产生原因及防止措施

1）冶金因素：被焊材料或焊接材料含 S、P 量高，导致焊缝金属的晶界上存在

低熔点共晶体。防止措施为严格控制被焊材料或焊接材料中有害杂质碳、硫、磷的含量；保持母材与焊材的干净；缩小结晶温度范围，改善焊缝组织，细化焊缝晶粒，提高塑性，减少偏析等。

2）焊缝形状因素：严格控制焊缝截面形状（焊缝成形系数），焊缝应扁平且圆弧过渡。熔宽比对热裂纹的影响如图 7-27 所示。其防止措施为控制焊缝形状，使熔宽比在合理的范围内。

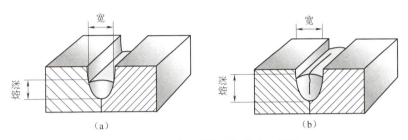

图 7-27　熔宽比对热裂纹影响示意图
（a）正确的熔宽比；（b）错误的熔宽比

3）焊接应力因素：焊接接头中存在拉应力也是热裂纹的一个因素，因此各种减小焊接应力的方法也是减少热裂纹的措施。

2. 冷裂纹

（1）特征

1）多出现在焊道与母材熔合线附近的热影响区中，多为穿晶裂纹（有一定的方向性）。

2）冷裂纹无氧化色彩（开裂处与母材颜色一致）。

3）冷裂纹多发生于高的含碳量及高合金含量的碳钢或合金钢。

4）冷裂纹具有延迟性质，有时也称延迟裂纹。

（2）产生原因及防止措施

冷裂纹产生的总体原因为：焊接接头（焊缝和热影响区及熔合区）的淬火倾向严重、焊接接头含氢量较高、焊缝拘束较大，产生拉应力。具体防止冷裂纹的措施如下：

1）选用碱性焊条或焊剂，减少焊缝金属中氢的含量，提高焊缝金属塑性。

2）焊条焊剂要烘干，焊缝坡口及附近母材要去油、去水、除锈，并减少氢的来源。

3）工件焊前预热，焊后缓冷，可降低焊后冷却速度，避免产生淬硬组织，并可减少焊接残余应力。

4）采取减小焊接应力的工艺措施，如对称焊、小线能量的多层多道焊等，焊后进行清除应力的退火处理。

5）焊后立即进行去氢（后热）处理，加热到 250 ℃，保温 2~6 h，使焊缝金属中的扩散氢逸出金属表面。

3. 再热裂纹

（1）特征

1）焊接完成后，在一定温度范围内对焊件再次加热。

2）多发生在焊接过热区，属于沿晶裂纹，裂纹生成时产生很少或无变形。

3）发生于镍基合金、不锈钢和少数合金钢，钢中 Cr、Mo、V、Nb、Ti 等元素会促使形成再热裂纹。

4）裂纹起源于未焊透根部、焊趾及咬边等应力集中处。

（2）防止措施

1）合理的预热与焊后热处理规范。

2）控制材料成分，应用低强度焊缝，使焊缝强度低于母材，以增高其塑性变形能力。

3）缓和应力状态，减少拘束、应力集中，减少残余应力。

4. 层状撕裂

（1）特征

焊接时，在焊接构件中沿钢板轧层形成的呈阶梯状的一种裂纹称为层状撕裂，如图 7-28 所示。层状撕裂经常发生于厚板的 T 形接头和角接接头中。

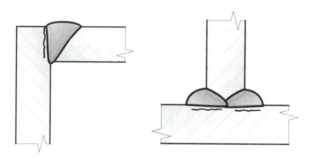

图 7-28　层状撕裂实物图

（2）产生原因及防止措施

产生原因为轧制钢板中存在硫化物、氧化物和硅酸盐等低熔点非金属夹杂物，且在垂直于焊件厚度方向上存在较大的焊接应力。

其防止措施如下：

1）严格控制钢材的含硫量。

2）预热和使用低氢焊条，采用强度级别较低的焊接材料。

3）在与焊缝相连接的钢板表面堆焊几层低强度焊缝金属作为过渡层，以避免夹杂物处于高温区。

知识拓展

在影响焊接质量的"人、机、料、法、环"五大因素中，裂纹的主要影响因素为材料与焊接工艺，另外接头设计对裂纹的产生也有重要影响，而裂纹的产生与焊接人员技能水平的高低关系不大。对于层状撕裂，通常采用改进接头设计或焊接工艺的方法，降低层状撕裂的倾向，改进接头设计的方法如图 7-29 所示，改进焊接工艺（堆焊缓冲层）的方法如图 7-30 所示。

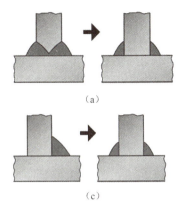

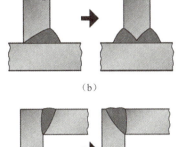

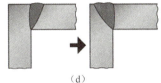

图 7-29　接头设计改进实例

（a）组合焊缝改为角焊缝；（b）单面焊改为双面焊；

（c）单面角焊缝改为双面角焊缝；（d）焊缝单面坡口改在立板上

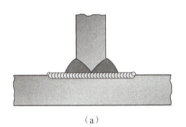

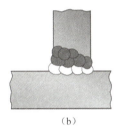

图 7-30　焊接工艺改进实例

（a）组合焊缝；（b）对接焊缝

（二）气孔

气孔说明、示意图、产生原因及防止措施见表 7-2。按产生原因，孔穴分气孔与缩孔两大类，由于气孔更为常见，因此主要介绍气孔。

表 7-2　气孔

说明	焊接时，熔池中的气泡在凝固时未能逸出而残存下来所形成的孔穴	示意图	（气孔 示意图）

产生原因	防止措施
工件不干净	焊接前充分清除工作表面的铁锈、油污和水分等
焊条潮湿或工件潮湿	使用干燥的焊条，或烘干工件
母材或焊材化学成分不合格	换用合格的母材或焊材
电弧太长	减小电弧长度，加大熔池保护效果
焊接电流大、焊接速度快	减小焊接电流，减慢焊接速度
施焊环境存在较强的磁场	采取减弱磁场影响的措施（如改变施焊地点、改用交流弧焊设备等）
施焊环境有风	采取防风措施

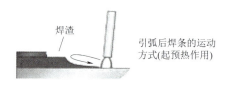

1. 气孔的分类

气孔从其形状上分，有球状气孔、条虫状气孔；从数量上可分为单个气孔和群状气孔。群状气孔又有均匀分布气孔、密集状气孔和链状分布气孔之分。按气孔内气体成分分类，有氢气孔、氮气孔、一氧化碳气孔、水蒸气气孔等。熔焊气孔多为氢气孔和一氧化碳气孔。

2. 气孔的形成机理

常温固态金属中气体的溶解度只有高温液态金属中气体溶解度的几百分之一至几十分之一，熔池金属在凝固过程中，有大量的气体要从金属中逸出来。当凝固速度大于气体的逸出速度时，就会形成气孔。其中氢、氮气体在液固阶段溶解度突然下降，来不及逸出，残留在了金属中；而一氧化碳气体和水蒸气是由金属冶金反应形成而又不溶于金属的气体。

3. 气孔产生的主要原因

1）母材或填充金属表面有锈、油污等，焊条及焊剂未烘干会增加气孔倾向。

2）焊接线能量过小，熔池冷却速度大，不利于气体逸出，也会增加气孔倾向。

3）焊接环境有风、潮湿或焊接区域存在较强的磁场等，也会增加气孔倾向。

4）操作方法不正确会产生气孔，如电弧太长、起弧方法不正确、焊接速度太快等，会明显增加气孔的倾向，其中起弧方法不正确也都会增加产生气孔的倾向，正确的起弧方法如图7-31所示。

图 7-31　正确的起弧方法示意图

(三) 夹渣

夹渣的说明、示意图、产生原因及防止措施见表7-3。按夹渣的化学成分，夹杂分夹渣、氧化物夹杂、金属夹杂等。以下主要介绍焊条电弧焊常见的夹渣。

表 7-3　夹渣

说明	残留在焊缝中的熔渣称为夹渣	示意图	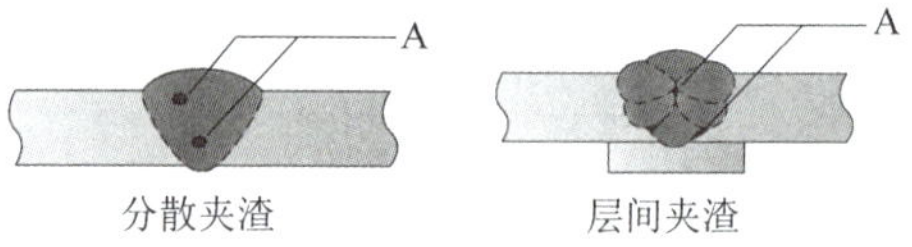 分散夹渣　　　层间夹渣
产生原因		防止措施	
层间的渣未清除干净		每层焊后将熔渣清除干净，然后再施焊	
焊接电流过小，致使熔渣浮不上来		增大焊接电流	

续表

产生原因	防止措施
焊条摆动太宽	焊条摆动要密而慢
电弧太长或太短（电弧吹力不足）	采用合适的电弧长度
焊接技能不高	不断提高操作技能，加强对熔池的观察与控制能力
母材金属和焊接材料的化学成分不当	正确选择母材和焊条金属的化学成分（如熔池内含氧、氮成分较多时，形成夹杂物的机会也就增多）

（四）未焊透与未熔合

1. 未焊透

未焊透的说明、示意图、产生原因及防止措施见表7-4。

未焊透

表7-4　未焊透

说明	焊接时，接头根部未完全熔透的现象	示意图	根部未焊透　中间未焊透
产生原因		防止措施	
不正确的接头准备（间隙小，钝边大）		增大间隙、减小钝边	
焊接电流太小		增大焊接电流，减慢焊接速度	
焊接速度太快		中部做适当的停留，减小焊接速度	
电弧太长（吹力不足）		采用较小直径的焊条（可达性不好）或短弧焊接	

2. 未熔合

未熔合的说明、示意图、产生原因及防止措施见表7-5。

表7-5　未熔合

说明	熔焊时，焊道与母材之间或焊道与焊道之间，未能完全熔化结合的部分	示意图	根部未熔合　层间未熔合
产生原因		防止措施	
电弧太长		减小电弧长度	
焊条角度不正确		改变焊条角度，增加两侧停留时间	
工件不干净		焊接前清除工作表面的铁锈、油污和水分等	
热输入不足		增大焊接电流，减慢焊接速度	

（五）形状和尺寸不良

1. 咬边

咬边的说明、示意图、产生原因及防止措施见表 7-6。

咬边

表 7-6 咬边

说明	由于焊接参数选择不当，或操作方法不正确，沿焊趾的母材部位产生的沟槽或凹陷	示意图	
产生原因		**防止措施**	
太大的焊接电流		对于焊条直径、焊接位置选择合适的电流	
太长的电弧		尽可能地使用短弧焊接	
太快的焊接速度		使用合适的焊接速度，以使焊接区域充分熔化	
太快的摆动速度		摆动到两侧时做短暂停留	

知识点拨：咬边的主要影响因素为焊接技能水平和焊接参数。

2. 焊缝超高和下塌

焊缝超高和下塌的说明、示意图、产生原因及防止措施见表 7-7。

表 7-7 焊缝超高和下塌

说明	焊缝正面或背面余高超过规定值	示意图	
产生原因		**防止措施**	
热输入太大		减小焊接电流、增加焊接速度	
加丝速度太快（TIG 焊，对于超高）		适当减小加丝速度	
装配不合适		增大钝边、减小间隙	
说明：正面余高 $h \leq 0.1 \times b + 1.5$（mm）；反面余高 $h_1 \leq 0.1 \times c + 1.5$（mm）			

3. 凸度过大

凸度过大的说明、示意图、产生原因及防止措施见表 7-8。

表 7-8　凸度过大

说明	焊缝凸度超过技术要求规定值	示意图	
产生原因		防止措施	
焊接速度慢、焊接电流小		增加焊接速度，增加焊接电流	
弧长太长或太小（电弧力不足）		采用合适的弧长	

知识点拨：当焊缝宽度≤8 mm 时，凸度不超过 2 mm；当 8 mm＜焊缝宽度＜25 mm 时，凸度不超过 3 mm；当焊缝宽度≥25 mm 时，凸度不超过 5 mm。

4. 焊缝形面不良

焊缝形面不良的说明、示意图、产生原因及防止措施见表 7-9。

表 7-9　焊缝形面不良

说明	母材金属表面与靠近焊趾处焊缝表面之间的夹角过小	示意图	
产生原因		防止措施	
热输入较小		增加焊接电流，减小焊接速度	
母材不干净		严格清理焊接周围区域	

5. 焊瘤

焊瘤的说明、示意图、产生原因及防止措施见表 7-10。

表 7-10　焊瘤

说明	在焊接过程中，熔化金属流淌到焊缝以外未熔化的母材上所形成的金属瘤	示意图	
产生原因		防止措施	
太慢的焊接速度		增加焊接速度	
不正确的焊接角度		改变焊枪的方向	

6. 错边

错边的说明、示意图、产生原因及防止措施见表 7-11。

表 7-11　错边

说明	两个焊件由于没有对正而造成板的中心线平行偏差	示意图	
产生原因		**防止措施**	
不正确的工装夹具		使用合适的工装夹具	
原材料变形		焊接前严格检查原材料，并采取相应的变形矫正方法	
焊工责任心不强		增强责任心	

知识点拨：错边的主要影响因素为焊接装配，图 7-32 所示为控制错边常用的方法。

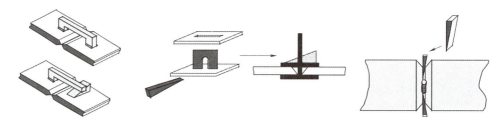

图 7-32　错边控制方法示意图

7. 角度偏差

角度偏差的说明、示意图、产生原因及防止措施见表 7-12。

表 7-12　角度偏差

说明	由于焊接变形而使尺寸偏差超标	示意图	
产生原因		**防止措施**	
接头准备不正确		加大反变形角度，增加焊缝定位长度	
焊接热输入太大		减小焊接电流，增加焊接速度	

8. 烧穿

烧穿的说明、示意图、产生原因及防止措施见表 7-13。

表 7-13　烧穿

说明	熔化金属穿透母材，产生孔	示意图	

续表

产生原因	防止措施
热输入太大	减小焊接电流，增加焊接速度
装配间隙太大	减小装配间隙

9. 未焊满

未焊满的说明、示意图、产生原因及防止措施见表7-14。

表7-14　未焊满

说明	由于填充金属不足，在焊缝表面形成的连续或断续的沟槽	示意图	
产生原因		防止措施	
焊工操作技能不高或责任心不强		提高技能，增强责任心	

10. 根部收缩

根部收缩的说明、示意图、产生原因及防止措施见表7-15。

表7-15　根部收缩

说明	由于对接焊缝根部收缩产生的浅沟槽	示意图	
产生原因		防止措施	
热输入不足		增加热输入（焊前预热、增加电流、减小焊接速度等）	
根部间隙太大或太小		采用合适的根部间隙	

　　知识点拨：根部收缩产生的总体原因是熔池收缩而又不能及时添加金属引起的，具体的原因有焊接速度太快、根部间隙太大或太小（这种缺陷在TIG焊中出现的较多）。

11. 焊缝宽度不齐、高低不一

焊缝宽度不齐、高低不一的说明、示意图、产生原因及防止措施见表7-16。

表7-16　焊缝宽度不齐、高低不一

说明	焊缝宽窄高低不一致、直线度不良等	示意图	
产生原因		防止措施	
焊接操作不稳定		提高操作技能	
导电嘴孔径大（熔化极气体保护焊）		更换导电嘴	

12. 焊缝有效厚度过大或不足

焊缝有效厚度过大或不足的说明、示意图、产生原因及防止措施见表7-17。

表7-17　焊缝有效厚度过大或不足

说明	角焊缝的实际有效厚度不足或过大（超标）	
示意图	 过大	
产生原因	防止措施	
焊接电流	焊缝有效厚度不足时，增大焊接电流；焊缝有效厚度过大时，减小焊接电流	
焊接速度	焊缝有效厚度不足时，减小焊接速度；焊缝有效厚度过大时，增大焊接电流	

13. 焊脚不对称

焊脚不对称的说明、示意图、产生原因及防止措施见表7-18。

表7-18　焊脚不对称

说明	角焊缝底板与立板上焊脚尺寸不等	示意图	
产生原因		防止措施	
焊条或焊丝指向不正确		改变焊条或焊丝指向	
焊接位置不正确		将焊接位置改为船形焊	

14. 弧坑

弧坑的说明、示意图、产生原因及防止措施见表7-19。

表 7-19　弧坑

说明	在一般焊接收尾处（焊缝终端）形成低于焊缝高度的凹陷坑	示意图	
产生原因		防止措施	
收弧操作太快		改变收弧操作方法	
焊接设备无收弧功能		采用功能齐全的先进焊接设备	

（六）其他缺欠

1. 电弧擦伤

电弧擦伤的说明、示意图、产生原因及防止措施见表 7-20。

表 7-20　电弧擦伤

说明	电弧擦伤焊件造成的弧疤	示意图	
产生原因		防止措施	
焊工操作责任心不强或误操作		仔细操作，增强责任心	
母材与接头接触不良		保持地线夹与母材接触良好	

2. 飞溅

飞溅的说明、示意图、产生原因及防止措施见表 7-21。

表 7-21　飞溅

说明	熔焊过程中，熔化的金属颗粒和熔渣向周围飞散的现象	示意图	
产生原因		防止措施	
焊接电流太大		适当减小焊接电流	
电压太高（电弧太长）		减小弧长	
极性接法错误		改变极性	
焊条潮湿		烘干焊条	

3. 角焊缝根部间隙不良

角焊缝根部间隙不良的说明、示意图、产生原因及防止措施见表 7-22。

表 7-22 飞溅

说明	间隙过大或不足	示意图	

产生原因	防止措施
装配不当	仔细操作,增强责任心
焊接装备不齐全	保证焊接装配的设备与工具
焊接工艺不详尽	细化焊接工艺规程

其他缺欠还有磨痕、凿痕、打磨过量、残渣、回火色（表面轻微氧化）、表面鳞片（表面严重氧化）等。

知识拓展 NEWS

焊接质量的影响因素及主要防止措施见表 7-23。

表 7-23 焊接质量的影响因素及主要防止措施

总体因素	具体因素	主要防止措施
人 机 焊接质量 环 法 料	操作工技能的高低	注重焊工培训工作,不断提高焊工技能（理论与实操）
	操作工的工作态度（如焊前准备工作清理、装配等）	加强质量意识教育,建立焊工技术档案
	焊接设备的工艺性	采用工艺性能良好的焊机
	焊接设备的检查与保养	建立焊接设备使用人员责任制
	原材料与焊接材料质量	建立焊接原材料与焊接材料的进厂验收制度
	保管与使用	建立焊接材料管理制度
	技术文件的完整性与合理性	完善与优化焊接技术及工艺
	技术文件的实施情况	严格执行技术文件要求
	环境的湿度、温度,风的大小,磁场情况	禁止在恶劣环境下焊接或采取严格的工艺措施

项目实施

任务工单七

组名：	组员：	学号：	组内评价：	成绩：

任务描述： 认识熔焊缺陷

目的： （1）掌握焊接检验方法的分类、原理及目的，具有正确识别焊接检验方法、设备及试件的能力。

（2）掌握常见熔化焊焊接缺陷的种类、产生原因与防止措施，并能正确识别缺陷种类、分析焊接缺陷产生原因，以及提出正确的防止措施。

任务实施：

1. 在教师的指导下，学习焊接检验方法的分类、原理及目的等基础知识，并查找相关专业标准。

2. 让学生分组进行焊接缺陷的识别、测量与分析总结。

检查与评估

反馈信息描述	产生问题的原因	解决问题的方法	评估结果

指导教师评语：

指导教师签字： 日期： 年 月 日

项目拓展

进一步学习金属熔化焊接头缺陷分类及说明（GB/T 6417.1—2005）、钢的弧焊接头缺陷质量分级指南（GB/T 19418—2003）相关内容，并加强工程实践训练，提高自身对焊接质量管理的能力。

项目练习

一、选择题

1. 下面（ ）是控制对接焊缝反面余高太大的有效措施。

A. 减小坡口角度　　B. 增加坡口角度　　C. 减小根部间隙　　D. 增大根部间隙

2. 底片上出现宽度不等、有许多断续分枝的锯齿形黑线，它可能是（ ）。

A. 裂纹　　　　　B. 未熔合　　　　　C. 未焊透　　　　　D. 咬边

3. 焊接试件拉伸尺寸为 25 mm×12 mm，拉力为 150 kN 时，试件断裂，则抗拉强度为（　　　）。

　　A. 50 kN/mm² 　　　B. 500 kN/mm² 　　　C. 5 000 kN/mm² 　　D. 50 N/mm²

4. 为（　　　）。

　　A. 面弯 　　　　　B. 背弯 　　　　　C. B、侧弯 　　　　D. 横弯

5. 下列（　　　）零件不能用渗透探伤法检验。

　　A. 非松孔性材料零件 　　　　　　　B. 铸铝件

　　C. 松孔性材料零件 　　　　　　　　D. 铸铁件

6. 适合于磁粉检测的材料是（　　　）。

　　A. 顺磁性材料 　　　B. 有色金属 　　　C. 铁磁性材料 　　　D. 抗磁性材料

7. 以下焊接缺欠中，危害最大的是（　　　）。

　　A. 气孔 　　　　　B. 裂纹 　　　　　C. 弧坑 　　　　　D. 夹渣

8. 为了最有效，目检应该（　　　）进行。

　　A. 在焊接前 　　　B. 在焊接过程中 　　C. 在焊接完成后 　　D. 以上都正确

9. 焊条电弧焊时，产生气孔最可能的原因是（　　　）。

　　A. 电弧过长 　　　B. 焊接速度过慢 　　C. 坡口间隙过大 　　D. 坡口间隙过小

10. 焊趾处最可能产生的缺陷有（　　　）。

　　A. 夹渣 　　　　　B. 焊瘤 　　　　　C. 咬边 　　　　　D. 以上都可能

11. 错误的极性选择最可能产生（　　　）。

　　A. 气孔 　　　　　B. 飞溅 　　　　　C. 电弧偏吹 　　　　D. 以上都可能

12. 图 中的焊缝最易产生的焊接缺欠是（　　　）。

　　A. 夹渣 　　　　　B. 焊瘤 　　　　　C. 咬边 　　　　　D. 气孔

13. 图 中焊缝主要是由于（　　　）造成的。

　　A. 焊接电流太大 　　　　　　　　　B. 焊接速度太慢

　　C. 焊接时两侧停留时间太短 　　　　D. 焊接时弧长太长

14. 图 中的焊接缺欠是（　　　）。

　　A. 咬边 　　　　　B. 未熔合 　　　　C. 未焊透 　　　　D. 焊瘤

15. 图 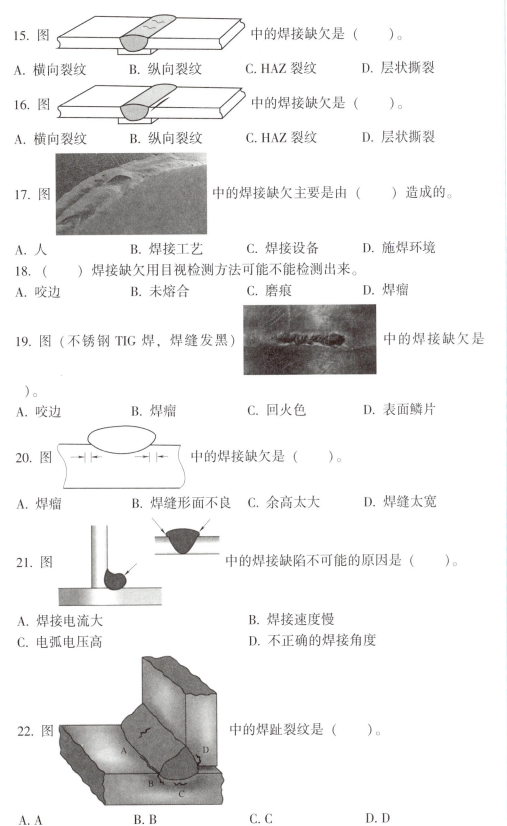 中的焊接缺欠是（   ）。

A. 横向裂纹   B. 纵向裂纹   C. HAZ 裂纹   D. 层状撕裂

16. 图 中的焊接缺欠是（   ）。

A. 横向裂纹   B. 纵向裂纹   C. HAZ 裂纹   D. 层状撕裂

17. 图 中的焊接缺欠主要是由（   ）造成的。

A. 人   B. 焊接工艺   C. 焊接设备   D. 施焊环境

18. （   ）焊接缺欠用目视检测方法可能不能检测出来。

A. 咬边   B. 未熔合   C. 磨痕   D. 焊瘤

19. 图（不锈钢 TIG 焊，焊缝发黑） 中的焊接缺欠是（   ）。

A. 咬边   B. 焊瘤   C. 回火色   D. 表面鳞片

20. 图 中的焊接缺欠是（   ）。

A. 焊瘤   B. 焊缝形面不良   C. 余高太大   D. 焊缝太宽

21. 图 中的焊接缺陷不可能的原因是（   ）。

A. 焊接电流大   B. 焊接速度慢
C. 电弧电压高   D. 不正确的焊接角度

22. 图 中的焊趾裂纹是（   ）。

A. A   B. B   C. C   D. D

二、判断题

1. 射线检测工作场所必须设置警戒区，严禁非工作人员进入工作场所，以免造成误照射。　　　　　　　　　　　　　　　　　　　　（　　）

2. 塑性断裂的断口有金属光泽。　　　　　　　　　　　　　　（　　）

3. 同一种材料，在高温时容易产生塑性断裂，在低温时容易产生脆性断裂。
　　　　　　　　　　　　　　　　　　　　　　　　　　　　　（　　）

4. 超声波的波长越长，声束扩散角就越大，发现小缺陷的能力也就越强。
　　　　　　　　　　　　　　　　　　　　　　　　　　　　　（　　）

5. 渗透探伤可以检查金属和非金属的表面开口缺陷。　　　　　（　　）

6. 在检验表面细微裂纹时，渗透检验法的可靠性低于射线照相检验法。（　　）

7. 渗透过程是利用渗透液的毛细作用和重力作用共同完成的。　（　　）

8. 渗透液的渗透性能可用渗透液在毛细管中的上升高度来衡量。（　　）

9. 焊脚不对称主要由焊条指向不正确和焊接位置不合适引起。　（　　）

10. 角焊缝凸度较大的原因是焊接速度太慢、焊接电流较大。　（　　）

三、问答题

简要回答下面角焊缝焊接缺陷产生的主要原因。

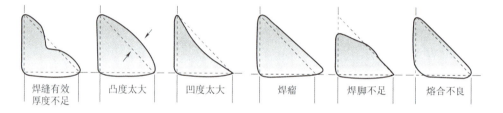

焊缝有效厚度不足　　凸度太大　　凹度太大　　焊瘤　　焊脚不足　　熔合不良

项目八　焊接结构制造工艺

项目分析

　　焊接工艺作为设计与制造的桥梁，在生产中起着举足轻重的作用，本项目介绍了焊接工艺过程中涉及的主要内容，以及它的来源依据，使学习者对焊接结构制造工艺有全面的了解，为后续焊接工艺的学习奠定基础。

学习目标

知识目标

- 掌握焊接工艺过程的主要设计内容及焊接工艺过程的分析方法。
- 掌握焊接工艺评定的目的与作用、流程及主要内容。
- 熟悉焊接工艺规程编制的作用、依据及主要内容。

技能目标

- 具有对简单焊接结构进行工艺过程设计、分析与审查的能力。
- 具有正确执行焊接工艺评定各项工作的能力。
- 具有初步焊接工艺规程编制能力及执行焊接工艺规程的能力。

素质目标

- 培养学生敬业精神、责任意识及团队合作的精神。
- 培养学生发现问题、分析问题和解决问题的能力。

知识链接

一、焊接工艺设计与审查

（一）钢结构焊接制造的工艺环节

　　钢结构焊接制造（即焊接结构生产）是从焊接生产的准备工作开始的，它包括结构的工艺性审查、工艺方案和工艺规程设计、工艺评定、编制工艺文件（含定额编制）和质量保证文件、定购原材料和辅助材料、外购和自行设计制造装配—焊接设备和装备等过程；从材料入库真正开始了焊接结构制造工艺过程，包括材料复验入库、备料加工、装配—焊接、焊后热处理、质量检验、成品验收；中间还包括返修、涂饰和喷漆等，直到最后合格产品入库的全过程。钢结构焊接制造的相关工艺环节如图 8-1 所示。

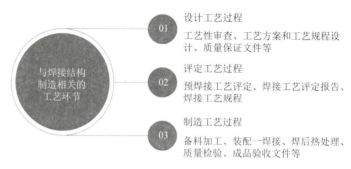

图 8-1　钢结构焊接制造的相关工艺环节

（二）焊接工艺设计

焊接结构设计主要内容有结构材料的选择、焊接方法的选择、焊接接头设计、焊接材料选择、焊接参数选择、坡口形式以及焊缝布置等。以下简要介绍几个重要的方面。

1. 结构材料的选择

1）尽量选用焊接性较好的材料（在满足使用性能要求的前提下）。

2）尽量选用轧制型材，以减少焊缝的数量，避免产生较大的焊接应力。

2. 焊接方法的选择

（1）对母材性能的考虑

1）母材的物理性能。对于热导率高的金属材料，应选用热输入大、熔透能力强的焊接方法；对于热敏感的材料，宜选用热输入小的焊接方法等。

2）母材的力学性能。首先考虑母材的力学性能是否易于实现金属之间的连接，其次考虑焊后接头的力学性能会不会发生改变，以及发生改变后会不会影响安全使用等。

3）母材的冶金性能。高碳钢或碳当量高的合金结构钢宜采用冷却速度缓慢的焊接方法，以减少热影响区开裂倾向；对于冶金相容性较差的异种金属，应选择固相焊接方法，如扩散焊、钎焊等。

（2）对产品结构特征的考虑

1）结构的几何形状和尺寸。主要考虑产品是否具有焊接时所需的操作空间和位置。大型的金属结构如船体等，不存在操作空间困难，但其体积过于庞大，需选用能实现全位置焊的方法；微型的电子器件，一般尺寸小，焊后不再加工，要求精密，宜选用热量小而集中的焊接方法，如电子束焊、激光焊等。

2）焊件厚度。每一种焊接方法都有一定的适用厚度和范围，超出此范围难以保证焊接质量。对于熔焊而言，是以焊透而不烧穿为前提。可焊最小的厚度是指在稳定状态下单面单道焊恰好焊透而不烧穿。

3）接头形式。焊接接头形式通常由产品结构形状、使用要求和材料厚度等因素决定，对接、搭接、T 形接和角接是最基本的形式。这些接头形式对大部分熔焊方法均能适应，有些搭接接头常常是为了适应某些压焊或钎焊方法而设计。对于杆、棒、管子的对接，一般宜选用闪光对焊或摩擦焊等。

4）焊接位置。在不能变位的情况下焊接焊件上所有焊缝，就会因焊缝处在不同空间位置而采用平焊、立焊、横焊和仰焊四种不同位置的焊接方法。一般情况下采用易于操作的平焊位置。

3. 焊缝布置

平焊操作方便，易于保证焊缝质量，故焊接时应使焊缝尽可能量处于平焊位置。为保证焊接件的质量，在布置焊缝位置和确定焊接次序时，应尽量减少焊接应力和变形，并充分考虑工人的操作方便及工件美观，一般应遵循以下原则：

1）焊缝布置应便于操作，以便于施焊和检验。焊缝布置实例如图8-2所示。

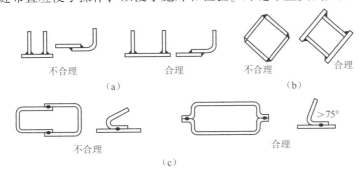

图8-2 焊缝布置实例（一）

（a）手工电弧焊；（b）埋弧焊；（c）电焊或缝焊

2）焊缝应避开加工表面，尤其是已加工表面。焊缝布置实例如图8-3所示。

图8-3 焊缝布置实例（二）

4. 焊接工艺设计实例

以下用一实例介绍焊接工艺分析过程，图8-4所示为简单压力容器（批量生产）。

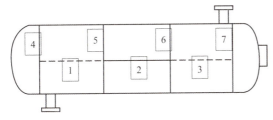

图8-4 压力容器结构图

（1）焊接方法选择

筒身纵缝1、2、3采用埋弧焊，筒身环缝4、5、6、7采用埋弧焊，管接头焊缝、人孔圈焊缝采用焊条电弧焊。

（2）焊缝布置、焊接次序

根据板料尺寸，筒身应分为三节，分别冷卷成形，为避免焊缝密集，三段筒身上的纵焊缝可相互错开180°；封头应采用热压成形，与筒身连接处应有 30~50 mm 的直段，使焊缝躲开转角应力集中处；人孔圈因其板厚较大，故一般加热卷制。

（三）焊接工艺审查

1. 目的

焊接结构的工艺性，是指设计的焊接结构在具体的生产条件下能否经济地制造出来，并采用最有效的工艺方法的可行性。为了提高设计产品结构的工艺性，工厂应对所有新设计的产品和改进设计的产品以及外来产品图样，在首次生产前进行结构工艺性审查。

2. 审查内容

典型焊接结构审查的内容如图 8-5 所示。

1）是否有利于减小焊接应力与变形。

2）是否有利于减少生产劳动量。

3）是否有利于施工方便和改善工人的劳动条件。

4）必须有利于减少应力集中。

5）是否有利于节约和合理使用材料。

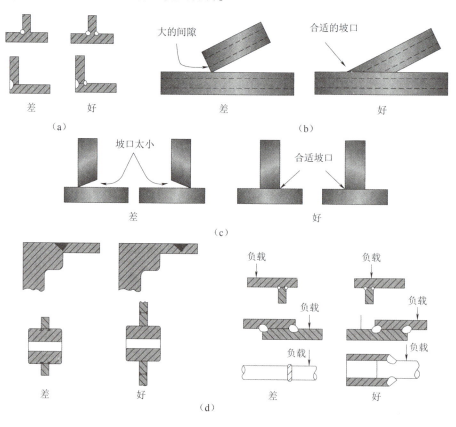

图 8-5　典型焊接结构审查的内容

（a）减小焊接变形；（b）减少生产劳动量；（c）方便施工；（d）避免应力集中

二、焊接工艺评定

（一）概述

1. 目的

（1）验证施工单位所拟订的焊接工艺是否正确

施工单位按照事先所拟订的预焊接工艺规程进行试件焊接，再由相关有资质的单位进行检测，对接头的性能做出评价。

（2）评价施工单位能否焊出符合有关要求的焊接接头

在焊接工艺评定标准中一般都规定：一是焊接工艺由本单位拟订；二是焊接工艺评定的试件，要由本单位操作技能熟练的焊接人员施焊；三是施焊所用的设备、仪器处于正常的工作状态且属于本单位。同时，要求焊接工艺评定的试验条件必须与产品的实际生产条件相对应，或者符合替代规则。因此，焊接工艺评定在很大程度上能反映出施工单位所具有的施工条件和施工能力。

2. 作用

焊接工艺自 20 世纪 70 年代从国外引进以来，已是压力容器、压力管道制造、安装、修理中必不可少的工作程序，是评定制造、安装、修理单位焊接技术水平（资格）的依据，是产品设计与制造的桥梁。由于其科学、合理、严格的评定过程，故也被钢结构、储罐制造和安装等行业采用。

3. 前提

1）钢材与焊接材料必须符合相应的标准。

2）所选用的设备、仪表和辅助机械均应处于正常工作状态，且是本单位的设备。

3）焊接试件的焊接必须由本单位技能熟练的焊工操作。

4）焊缝的热处理与检验必须由专业从事热处理与检验的人员进行。

知识拓展 NEWS

焊接工艺评定试验是与金属焊接性试验、产品焊接试板试验、焊工操作技能评定试验不相同的试验。

1）与金属焊接性试验相比，焊接工艺评定试验具有验证性，而金属焊接性试验具有探索性。

2）与产品焊接试板试验相比，焊接工艺评定试验不是在焊接施工过程中进行的，而是施工之前在做施工准备过程中进行的；而产品焊接试板试验则是在施工过程中进行的。

3）与焊工操作技能评定试验相比，焊接工艺评定是确定焊件的使用性能，用整套的试验数据说明采用什么焊接工艺才能满足要求。而焊工操作技能评定是考核焊工的操作水平和能否焊出没有超标焊接缺欠焊缝的能力。

4. 技术依据

世界上许多国家，对于重要的焊接结构都制定了焊接工艺评定标准或法规，我

国也制定了一些焊接产品的焊接工艺评定标准，例如特种设备制造安装方面就有 NB/T 47014—2011《承压设备焊接工艺评定》、SY/T 0452—2012《石油天然气金属管道焊接工艺评定》、SY/T 4103—2006《钢质管道焊接及验收》（API Std 1104：1999）、GB/T 31032—2014《钢质管道焊接及验收》（API Std 1104：2010）等，这些标准针对不同的工程（产品）或者制定的部门不同，在一些细节上存在一些差异，适用范围也各自不同。

5. 基本概念

（1）焊接工艺评定（WPQ）

为验证所拟订的焊接工艺的正确性而进行的试验过程及结果评价。

（2）焊接工艺评定报告（PQR）

记载试验及其结果检验，对所拟订的预焊接工艺规程进行评价的报告。

（3）预焊接工艺规程（pWPS）

为进行焊接工艺评定所拟定的焊接工艺文件，即 JB 4708—2000 中的焊接工艺评定指导书。

（4）焊接工艺规程（WPS）

根据合格的焊接工艺评定报告编制的，用于产品施焊的焊接工艺文件。

（5）焊接作业指导书（WWI）

与制造焊件有关的加工和操作细则性作业文件。如焊工施焊时使用的作业指导书，可保证施工时质量的再现性。

6. 焊接工艺评定流程

金属材料的焊接性能是承压设备焊接工艺评定的基础、前提，没有充分掌握材料的焊接性能就很难拟订出正确的焊接工艺，并进行评定。因此焊接工艺评定应以可靠的材料焊接性能为依据，并在产品焊接前完成。完整的焊接工艺评定流程如图 8-6 所示。

（二）规则

1. 焊接工艺因素分类

为减少焊接工艺评定的数量，制定了焊接工艺评定规则，NB/T 47014 标准将各种焊接方法中影响焊接接头性能的焊接工艺评定因素划分为通用焊接工艺评定因素和专用焊接工艺评定因素。

（1）通用因素分类

按通用因素分类，工艺因素主要包括焊接方法、金属材料（母材）、填充金属、焊后热处理、试件厚度。

（2）专用因素分类

按专用因素分类，可将工艺因素分为重要因素、补加因素和次要因素，主要包括接头、填充材料、焊接位置、电源电特性、技术措施等。

重要因素是指影响焊接接头抗拉强度和弯曲性能的焊接工艺因素。补加因素是指影响焊接接头冲击韧性的焊接工艺因素。当规定进行冲击试验时，需增加补加因素。次要因素是指对要求测定的力学性能无明显影响的焊接工艺因素。

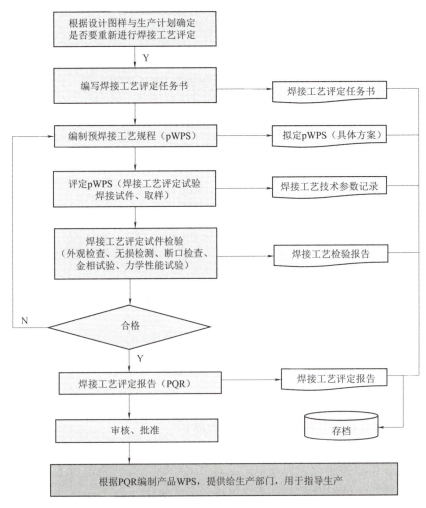

图 8-6　焊接工艺评定流程

2. 评定规则

评定规则可分为通用评定规则和专用评定规则。

（1）通用评定规则

焊接方法、母材类别、试件厚度与焊件厚度、填充金属类别、焊后热处理类别、焊件厚度有效范围等。

1）焊接方法的评定规则。

当改变焊接方法时，需要重新评定。此外，当同一条焊缝使用两种或两种以上焊接方法时，可按每种焊接方法分别进行评定或使用两种或两种以上的焊接方法焊接试件进行组合评定。

2）母材类别和组别的评定规则。

承压设备用母材（钢）的分类、分组见表 8-1。

表8-1　承压设备用母材（钢）分类、分组

类别号	组别号	典型钢号
Fe-1	Fe-1-1	10、20、Q195、Q235、Q295
	Fe-1-2	25、HP295、HP345、Q345、Q390
	Fe-1-3	Q370R、L450
	Fe-1-4	07MnMoVR
Fe-3	Fe-3-1	15MoG、12CrMo
	Fe-3-2	20MnMo
	Fe-3-3	20MnNiMo、18MnMoNbR
Fe-4	Fe-4-1	15CrMo、15CrMoR
	Fe-4-2	12Cr1MoV、12Cr1MoVR
Fe-5A	—	12Cr2Mo、12Cr2Mo1
Fe-5B	Fe-5B-1	1Cr5Mo
Fe-5C	—	12Cr2Mo1VR
Fe-7	Fe-7-1	06Cr13
	Fe-7-2	1Cr17
Fe-8	Fe-8-1	022Cr19Ni10（S30403）
	Fe-8-2	06Cr23Ni13

①类别的评定规则（螺柱焊、摩擦焊除外）。

a. 母材类别号改变，需要重新进行焊接工艺评定。

b. 等离子弧焊使用填充焊丝工艺，对 Fe-1～Fe-5A 类别母材进行焊接工艺评定时，高类别号母材相焊评定合格的焊接工艺，适用于该类别与低类别号的母材相焊。

c. 采用焊条电弧焊、埋弧焊、熔化极气体保护焊或钨极气体保护焊，对 Fe-1～Fe-5A 类别母材进行焊接工艺评定时，高类别号母材相焊评定合格的焊接工艺，适用于该高类别号母材与低类别号母材相焊（释义：例如有 Fe-4 类钢 12Cr1MoV 的工艺评定，焊丝为 TIG-R31，焊条为 R317，当现场出现 12Cr1MoV 与低碳钢的焊接时，我们就可能用这个工艺评定来支持它的焊接）。

d. 除 b、c 外，对于不同类别号的母材相焊，即使母材各自的焊接工艺都已评定合格，其焊接接头仍需重新进行焊接工艺评定。

②组别的评定规则（螺柱焊、摩擦焊除外）。

除下述规定外，母材组别号改变时，需重新进行焊接工艺评定。

a. 某一母材评定合格的焊接工艺，适用于同类别号、同组别号的其他母材。

b. 在同类别号中，高组别号母材评定合格的焊接工艺，适用于该高组别号母材与低组别号母材相焊。

c. 组别号为 Fe-1-2 的母材评定合格的焊接工艺，适用于组别号为 Fe-1-1 的母材。

3）填充金属的评定规则。

①下列情况，需重新进行焊接工艺评定。

a. 变更填充金属类别号。

当用强度级别高的类别填充金属代替强度级别低的类别填充金属焊接 Fe-1、Fe-3 类别母材时，可不需要重新进行焊接工艺评定。

b. 埋弧焊、熔化极气体保护焊和等离子弧焊的焊缝金属合金含量，若主要取决于附加填充金属，则焊接工艺改变会引起焊缝金属中重要合金元素成分超出评定范围。

c. 对于埋弧焊、熔化极气体保护焊，应增加、取消附加填充金属或改变其体积超过 10%。

②在同一类别填充金属中，当规定进行冲击试验时，下列情况为补加因素。

a. 用非低氢型药皮焊条代替低氢型（含 EXX10、EXX11）药皮焊条。

b. 用冲击试验合格指标较低的填充金属替代较高的填充金属（当冲击试验合格指标较低时，仍可符合本标准或设计文件规定的除外）。

③Fe-1 类钢材埋弧多层焊时，改变焊剂类型（中性焊剂、活性焊剂）需要重新进行焊接工艺评定。

4）焊后热处理的评定规则。

焊后热处理的目的是降低焊接残余应力，或者改善接头的组织和性能。当焊后热处理类别改变时，焊接接头的组织和性能随之发生变化，因此需要重新评定焊接工艺。

5）试件厚度与焊件厚度的评定规则。

①对接焊缝试件评定合格的焊接工艺适用于焊件厚度的有效范围按表 8-2 和表 8-3 的规定执行。

表 8-2　对接焊缝试件厚度与焊件厚度规定（试件进行拉伸试验和横向弯曲试验）

mm

试件母材厚度 T	适用于焊件母材厚度的有效范围		适用于焊件焊缝金属厚度（t）的有效范围	
	最小值	最大值	最小值	最大值
<1.5	T	$2T$	不限	$2t$
1.5≤T≤10	1.5	$2T$	不限	$2t$
10<T<20	5	$2T$	不限	$2t$
20≤T<38	5	$2T$	不限	$2t$（$t<20$）
20≤T<38	5	$2T$	不限	$2t$（$t≥20$）
38≤T≤150	5	$200a$	不限	$2t$（$t<20$）
38≤T≤150	5	$200a$	不限	$200a$（$t≥20$）
>150	5	$1.33Ta$	不限	$2t$（$t<20$）
>150	5	$1.33Ta$	不限	$1.33Ta$（$t≥20$）
说明：限于焊条电弧焊、埋弧焊、钨极气体保护焊、熔化极气体保护焊				

表 8-3　对接焊缝试件厚度与焊件厚度规定（试件进行拉伸试验和纵向弯曲试验）

mm

试件母材厚度 T	适用于焊件母材厚度的有效范围		适用于焊件焊缝金属厚度（t）的有效范围	
	最小值	最大值	最小值	最大值
<1.5	T	$2T$	不限	$2t$
1.5≤T≤10	1.5	$2T$	不限	$2t$
>10	5	$2T$	不限	$2t$

（2）各种焊接方法的专用评定规则

1）当变更一个重要工艺因素时，需重新进行焊接工艺评定。

2）当增加或变更时，可按增加或变更的补加因素，进行冲击韧性试件试验。

3）当增加或变更时，不需要重新评定焊接工艺，但需要重新编制焊接工艺规程（WPS）。

（三）焊接工艺评定工作步骤

1）按焊接工艺评定标准或设计文件规定，拟订预焊接工艺评定（旧标准为焊接工艺指导书）。

2）按照拟订的预焊接工艺评定进行试件制备、焊接、焊缝检验（热处理）、取样加工、检验试样。

3）根据所要求的使用性能进行评定。若评定不合格，则应重新修改拟订的预焊接工艺评定，重新评定。

4）整理焊接记录、试验报告，编制焊接工艺评定报告。评定报告中应详细记录工艺程序、焊接参数、检验结果、试验数据和评定结论，经焊接责任工程师审核、单位技术负责人批准，存入技术档案。

5）以焊接工艺评定报告为依据，结合焊接施工经验和实际焊接条件，编制焊接工艺规程或焊工作业指导书、工艺卡，焊工应严格按照焊接作业指导书或工艺卡的规定进行焊接。经审查批准后的评定资料可在同一质量管理体系内通用。

知识拓展 NEWS

焊接工艺规程（WPS）与焊接作业指导书（WWI）的关系。

1）焊接工艺规程（WPS）：根据合格的焊接工艺评定报告编制的用于产品施焊的焊接工艺文件。

2）焊接作业指导书（WWI）：与制造焊件有关的加工和操作细则性作业文件，即焊工施焊时使用的作业指导书，可保证施工时质量的再现性。

从概念上可以看出，焊接工艺规程是根据合格的焊接工艺评定报告编制的，只保证焊接接头的力学性能和弯曲性能符合 NB/T 47014 的规定，而焊接接头的力学性能和弯曲性能只是焊接质量的一个方面。此外，尚有诸如焊缝外观、焊缝内外缺陷、应力与应变、施工方便、合理性、经济性等一系列涉及焊接生产、管理质量等众多方面的问题，这显然是焊接工艺规程所不具备的，只能用焊接作业指导书来保证质量了。

　　国家推荐的预焊接工艺规程（pWPS）表格格式见表8-4，焊接工艺评定报告（PQR）表格格式见表8-5，焊接工艺规程（WPS）表格格式见表8-6。

表8-4　预焊接工艺规程（pWPS）

单位名称：＿＿＿＿＿＿＿＿＿＿＿

预焊接工艺规程编号：＿＿＿＿＿＿＿　日期：＿＿＿＿＿＿＿　所依据焊接工艺评定编号：＿＿＿＿＿＿＿

焊接方法：＿＿＿＿＿＿＿＿＿＿＿

机械化程度（手工、半自动、自动）：＿＿＿＿＿＿＿＿＿＿

焊接接头： 坡口形式：＿＿＿＿＿＿＿＿＿＿＿＿ 衬垫（材料及规格）：＿＿＿＿＿＿＿＿ 其他：＿＿＿＿＿＿＿＿＿＿＿＿＿	简图：（接头形式、坡口形式与尺寸、焊层、焊道布置及顺序）

母材：

类别号＿＿＿＿＿＿＿＿、组别号＿＿＿＿＿＿＿＿与类别号＿＿＿＿＿＿＿＿、组别号＿＿＿＿＿＿＿＿相焊或标准号＿＿＿＿＿＿、材料代号＿＿＿＿＿＿与标准号＿＿＿＿＿＿、材料代号＿＿＿＿＿＿相焊

对接焊缝焊件母材厚度范围：＿＿＿＿＿＿＿＿＿＿＿＿＿＿＿＿＿＿＿＿＿＿＿＿＿＿＿

角焊缝焊件母材厚度范围：＿＿＿＿＿＿＿＿＿＿＿＿＿＿＿＿＿＿＿＿＿＿＿＿＿＿＿

管子直径、壁厚范围：对接焊缝＿＿＿＿＿＿＿＿＿＿＿＿＿＿＿＿＿；角焊缝＿＿＿＿＿＿＿＿＿＿＿＿＿＿

其他：＿＿＿＿＿＿＿＿＿＿＿＿＿＿＿＿＿＿＿＿＿＿＿＿＿＿＿＿＿＿＿＿＿＿＿＿＿＿

填充金属		
焊材类别		
焊材标准		
填充金属尺寸		
焊材型号		
焊材牌号（金属材料代号）		
填充金属类别		
其他		

对接焊缝焊件焊缝金属厚度范围：＿＿＿＿＿＿＿＿＿；角焊缝焊件焊缝金属厚度范围：＿＿＿＿＿＿＿＿

耐蚀堆焊金属化学成分/%

C	Si	Mn	P	S	Cr	Ni	Mo	V	Ti	Nb
—	—	—	—	—	—	—	—	—	—	—

其他：

注：每一种母材与焊接材料的组合均需分别填表

续表

焊接位置： 对接焊缝的位置：＿＿＿＿＿＿＿＿ 立焊的焊接方向：（向上、向下）＿＿＿＿＿ 角焊缝位置：＿＿＿＿＿＿＿＿＿＿＿ 立焊的焊接方向：（向上、向下）＿＿＿＿＿	焊后热处理： 焊后热处理温度（℃）：＿＿＿＿＿＿＿ 保温时间范围（h）：＿＿＿＿＿＿＿＿

预热： 最小预热温度（℃）：＿＿＿＿＿＿＿ 最大道间温度（℃）：＿＿＿＿＿＿＿ 保持预热时间：＿＿＿＿＿＿＿＿＿＿ 加热方式：＿＿＿＿＿＿＿＿＿＿＿＿	气体： 　　　　　　　气体　　混合比　流量（L/min） 保护气：＿＿＿＿　＿＿＿＿　＿＿＿＿ 尾部保护气：＿＿＿　＿＿＿　＿＿＿＿ 背面保护气：＿＿＿　＿＿＿　＿＿＿＿

电特性

电流种类：＿＿＿＿＿＿＿＿＿＿＿＿＿　　　极性：＿＿＿＿＿＿＿＿＿＿＿＿＿

焊接电流范围（A）：＿＿＿＿＿＿＿＿＿　　电弧电压（V）：＿＿＿＿＿＿＿＿＿

焊接速度（范围）：＿＿＿＿＿＿＿＿＿＿

钨极类型及直径：＿＿＿＿＿＿＿＿＿＿　　喷嘴直径（mm）：＿＿＿＿＿＿＿＿

焊接电弧种类（喷射弧、短路弧等）：＿＿＿＿＿　焊丝送进速度（cm/min）：＿＿＿＿＿

按所焊位置和厚度，分别列出电压和电压范围，记入下表：

焊接工艺参数

焊道/焊层	焊接方法	填充金属		焊接电流		电弧电压/V	焊接速度/ (cm·min⁻¹)	线能量/ (kJ·cm⁻¹)
		牌号	直径	极性	电流/A			

技术措施：

摆动焊或不摆动焊：＿＿＿＿＿＿＿＿＿　　摆动参数：＿＿＿＿＿＿＿＿＿＿＿＿

焊前清理和层间清理：＿＿＿＿＿＿＿＿　　背面清根方法：＿＿＿＿＿＿＿＿＿＿

单道焊或多道焊（每面）：＿＿＿＿＿＿＿　单丝焊或多丝焊：＿＿＿＿＿＿＿＿＿

导电嘴至工件距离（mm）：＿＿＿＿＿＿　锤击：＿＿＿＿＿＿＿＿＿＿＿＿＿＿

其他：＿＿＿＿＿＿＿＿＿＿＿＿＿＿＿＿＿＿＿＿＿＿＿＿＿＿＿＿＿＿＿＿＿＿＿

绘制		日期		审核		日期		批准		日期	

表 8-5　焊接工艺评定报告

单位名称：＿＿＿＿＿＿＿＿＿＿＿＿＿＿＿＿

焊接工艺评定编号：＿＿＿＿＿＿＿＿＿　　焊接工艺指导书编号：＿＿＿＿＿＿＿＿＿＿＿＿＿

焊接方法：＿＿＿＿＿＿＿＿＿＿　　机械化程度：（手工、半自动、自动）：＿＿＿＿＿＿

接头简图：（坡口形式、尺寸、衬垫、每种焊接方法或焊接工艺、焊缝金属厚度）

母材：

材料标准：＿＿＿＿＿＿＿＿＿＿＿＿＿＿

材料代号：＿＿＿＿＿＿＿＿＿＿＿＿＿＿

类、组别号＿＿＿＿＿与类、组别号＿＿＿＿＿相焊

厚度：＿＿＿＿＿＿＿＿＿＿＿＿＿＿＿＿

直径：＿＿＿＿＿＿＿＿＿＿＿＿＿＿＿＿

其他：＿＿＿＿＿＿＿＿＿＿＿＿＿＿＿＿

焊后热处理：

保温温度（℃）：＿＿＿＿＿＿＿＿＿＿＿＿

保温时间（h）：＿＿＿＿＿＿＿＿＿＿＿＿

保护气体：

　　　　　　　气体　　混合比　流量（L/min）

保护气体：＿＿＿＿　＿＿＿＿　＿＿＿＿

尾部保护气：＿＿＿＿　＿＿＿＿　＿＿＿＿

背面保护气：＿＿＿＿　＿＿＿＿　＿＿＿＿

填充金属：

焊材类别：＿＿＿＿＿＿＿＿＿＿＿＿＿＿

焊材标准：＿＿＿＿＿＿＿＿＿＿＿＿＿＿

焊材型号：＿＿＿＿＿＿＿＿＿＿＿＿＿＿

焊材牌号：＿＿＿＿＿＿＿＿＿＿＿＿＿＿

焊材规格：＿＿＿＿＿＿＿＿＿＿＿＿＿＿

焊缝金属厚度：＿＿＿＿＿＿＿＿＿＿＿＿

其他：＿＿＿＿＿＿＿＿＿＿＿＿＿＿＿＿

电特性：

电流种类：＿＿＿＿＿＿＿＿＿＿＿＿＿＿

极性：＿＿＿＿＿＿＿＿＿＿＿＿＿＿＿＿

钨极尺寸：＿＿＿＿＿＿＿＿＿＿＿＿＿＿

焊接电流：＿＿＿＿＿＿＿＿＿＿＿＿＿＿

焊接电压：＿＿＿＿＿＿＿＿＿＿＿＿＿＿

焊接电弧种类：＿＿＿＿＿＿＿＿＿＿＿＿

其他：＿＿＿＿＿＿＿＿＿＿＿＿＿＿＿＿

焊接位置：

对接焊缝位置：＿＿＿＿＿＿＿＿（向上、向下）

角焊缝位置：＿＿＿＿＿＿＿＿（向上、向下）

技术措施

焊接速度（cm/min）：＿＿＿＿＿＿＿＿＿＿

摆动或不摆动：＿＿＿＿＿＿＿＿＿＿＿＿

摆动参数：＿＿＿＿＿＿＿＿＿＿＿＿＿＿

多道焊或单道焊（每面）：＿＿＿＿＿＿＿＿

多丝焊或单丝焊：＿＿＿＿＿＿＿＿＿＿＿

其他：＿＿＿＿＿＿＿＿＿＿＿＿＿＿＿＿

预热：

预热温度（℃）：＿＿＿＿＿＿＿＿＿＿＿＿

道间温度（℃）：＿＿＿＿＿＿＿＿＿＿＿＿

其他：＿＿＿＿＿＿＿＿＿＿＿＿＿＿＿＿

续表

拉伸试验　　　　　　　　　　试验报告编号：_____

试样编号	试样宽度/mm	试样厚度/mm	横截面积/mm²	最大载荷/kN	抗拉强度/MPa	断裂部位和特征

弯曲试验　　　　　　　　　　试验报告编号：_____

试样编号	试样类型	试样厚度/mm	弯心直径/mm	弯曲角度/（°）	试验结果

冲击试验　　　　　　　　　　试验报告编号：_____

试样编号	试样尺寸	夏比 V 形缺口位置	试验温度/℃	冲击吸收功/J	侧向膨胀量/mm	备注

金相检验（角焊缝）：
根部（焊透、未焊透）_____，焊缝（熔合、未熔合）_____
焊缝、热影响区（有裂纹、无裂纹）：_____

检验截面	Ⅰ	Ⅱ	Ⅲ	Ⅳ	Ⅴ
焊脚差/mm					

无损检测：
RT _____　　　　UT _____
MT _____　　　　PT _____
其他_____

耐蚀堆焊金属化学成分（重量,%）

C	Si	Mn	P	S	Cr	Ni	Mo	V	Ti	Nb

化学成分表面至熔合线的距离（mm）：_____

附加说明：

结论：
评定结果：（合格、不合格）_____

焊工姓名		焊工代号			施焊日期		
编制		日期	审核		日期	批准	日期
第三方检验							

表8-6 焊接工艺规程

接头简图：

焊接工艺程序		焊接工艺卡编号	
		图号	
		接头名称	
		焊接工艺评定报告编号	
		焊工持证项目	
		监检单位	第三方或用户

		序号	本厂
母材代号	管：　板：		
焊接方法或焊接工艺			
焊接工艺			
厚度/mm	管：　板：		
焊缝金属厚度/mm			

层-道	焊接方法	填充金属		焊接电流		电弧电压/V	焊接速度/(cm·min⁻¹)	线能量/(kJ·cm⁻¹)
		牌号	直径	极性	电流/A			

检验

焊接位置	
施焊技术	
预热温度/℃	
道间温度/℃	
焊后热处理　后热	
钨极直径/mm	
喷嘴直径/mm	
脉冲频率/Hz	
脉宽比/%	
气体成分	正面　背面
气体流量	

编制	审核	批准
日期	日期	日期

三、焊接工艺规程编制

（一）焊接工艺编制的依据

焊接工艺编制的内容众多，主要包括焊接工艺规程、焊接材料的消耗定额、工序卡等，其中焊接工艺规程是指导焊接生产的主要文件，是组织和管理焊接生产的基础依据。

1. 产品的整套装配图纸和零部件工作图

在整装图上可了解产品的技术特性和要求，以及结构的特点和焊缝的位置；产品的材料和规格、探伤要求和方法、焊缝质量等级；焊接节点和坡口形式。在零件图上可以了解零件本身的具体结构形式、焊接方法、材料、坡口等，是编制焊接工艺卡的主要依据。

2. 产品的有关焊接技术标准和法规

产品的种类、材料、坡口等都有相应的一系列国家、部颁、行业标准，当同一内容同时有两种以上的标准时，原则上应按高标准执行。材料有各种本身的标准，坡口形式有国家标准，也有行业标准。图纸有要求的必须按图纸要求的标准执行。

3. 产品验收的质量标准

验收质量标准要在工艺规程中明确表示出来，如焊缝外表的几何尺寸要求、探伤方法及合格级别、水压试验的试验压力等。

4. 产品的生产类型

产品的生产类型分为单件生产、成批生产和大量生产，例如成批生产和大量生产的产品，应考虑较先进的设备，专用的工、卡、量具，机械化、自动化生产。单件生产则应充分利用现有的生产条件。

5. 工厂现有的生产条件

为使所编制的焊接工艺规程切实可行，达到指导生产的目的，一定要从工厂实际情况出发，例如生产面积，动力、起重、加工设备，工人数量和技术等级等。

（二）焊接工艺规程的作用

焊接工艺程序或焊接工艺规程（Welding Procedure Specification，WPS），是焊接过程中的一整套工艺程序及其技术规定，主要作用如下（见图 8-7）。

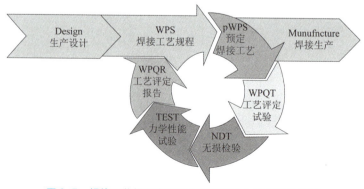

图 8-7　焊接工艺规程在产品生产与制造中的作用示意图

1）焊接工艺规程是指导焊接生产的主要文件。

2）焊接工艺规程是组织和管理焊接生产的基础依据。

3）焊接工艺规程是交流焊接先进经验的桥梁。

总之，焊接工艺规程是一个严肃的工艺文件，是金属结构车间"三按"（按图纸、按标准、按工艺）生产的依据之一，任何人都必须严格执行，绝不能随便更改。但是生产技术在不断的发展，科学在不断的进步，新材料、新设备、新工艺的采用，工人的创造发明及合理化建议等因素也推动着焊接工艺规程的改进，否则焊接工艺规程也会失去指导生产的意义。

（三）焊接工艺规程编制的内容

产品的焊接工艺规程由焊接接头编号表和焊接工艺卡（也称焊接作业指导书）、焊接工艺守则等组成。焊接工艺卡是与制造焊件有关的加工和实践要求的细则文件，可保证由焊工或操作工操作时质量的再现性。焊接工艺规程应包括以下内容：

1）产品图号、名称和生产令号等。

2）焊缝编号、焊接接头简图、母材牌号与规格等。

3）焊材的牌号、规格、烘干温度、保温时间。

4）遵循的焊接工艺评定报告编号。

5）预热温度、层间温度和焊后热处理规范。

6）焊接工艺参数：选用的焊接设备、焊接电流、电压、焊接速度、极性等。

7）焊工持证项目。

8）焊接技术要求：如焊前清理、层间清理、焊后清理、引熄弧板、垫板、带不带焊接试板、打钢印等。

项目实施

任务工单八

组名：	组员：	学号：	组内评价：	成绩：

任务描述：认识焊接结构制造工艺

目的：（1）掌握焊接结构设计与审查的主要内容，具有对简单焊接结构进行工艺过程设计与审查的能力。

（2）掌握焊接工艺评定的目的与作用、流程及主要内容，具有配合工程技术人员完成焊接工艺评定任务的能力。

（3）掌握焊接工艺规程编制的作用与主要内容，具有初步的焊接工艺规程编制能力与实施焊接工艺规程的能力。

任务实施：

1. 对简单焊接结构件进行工艺设计与审查。

2. 学习典型产品的一个焊接工艺评定资料。

3. 对简单焊接结构件进行焊接工艺规程编制。

续表

检查与评估

反馈信息描述	产生问题的原因	解决问题的方法	评估结果

指导教师评语：

指导教师签字：　　　　　　　　　　　　　　　　　　日期：　　年　　月　　日

项目拓展

1. 参与焊接结构设计与审查工作，提高对焊接结构设计与审查的理解。

2. 参与焊接工艺评定工作，提高对焊接工艺评定的理解。

3. 参与焊接工艺规程编制与实施工作，提高对焊接工艺评定的理解。

项目练习

一、单项选择题

1. 为验证拟订的焊件焊接工艺的正确性所进行的试验过程及结果评价是（　　　）。

　A. 焊接作业卡　　　　　　　　　　B. 焊接工艺评定

　C. 焊接质量证明文件　　　　　　　D. 焊接作业规程

2. pWPS、PQR、WPS 三者之间的先后关系为（　　　）。

　A. pWPS、PQR、WPS　　　　　　B. pWPS、WPS、PQR

　C. PQR、pWPS、WPS　　　　　　D. WPS、pWPS、PQR

3. 焊接工艺评定报告的批准人是（　　　）。

　A. 焊接责任工程师　　　　　　　　B. 项目总工程师

　C. 项目质量检验工程师　　　　　　D. 单位技术负责人

4. 焊接工艺评定报告应由（　　　）审核。

　A. 监理工程师　　　　　　　　　　B. 质检工程师

　C. 焊接工程师　　　　　　　　　　D. 专业工程师

5. 经审查批准后的焊接工艺评定资料可在（　　　）内通用。

　A. 集团公司　　　　　　　　　　　B. 评定单位

　C. 同一质量管理体系　　　　　　　D. 特定产品范围

6. 焊前对焊工重点审查的项目是（　　）。

A. 年龄
B. 焊接资格

C. 技术等级
D. 文化程度

7. 焊接工艺规程种类繁多，其主要内容不包括（　　）。

A. 焊接工艺评定报告
B. 焊接工艺守则

C. 焊接工艺卡
D. 焊工数量

8. 按照对焊接接头力学性能的影响，可将焊接工艺因素分为重要因素、补加因素和次要因素，其中重要因素是影响焊接接头的（　　）。

A. 力学性能
B. 冲击性能

C. 表面硬度
D. 抗拉和弯曲性能

9. 关于焊接工艺评定，下面哪种说法是错误的（　　）。

A. 板状对接焊缝试件评定合格的焊接工艺评定，适用于板状对接焊缝和角焊缝

B. 板状对接焊缝试件评定合格的焊接工艺评定，适用于管状对接焊缝，反之亦可

C. 任一角焊缝试件评定合格的焊接工艺评定，适用于所有形式的角焊缝

D. 全焊透焊缝合格的焊接工艺评定，适用于非焊透焊缝，反之亦可

10. 编制焊接工艺卡的主要依据是（　　）。

A. 焊接标准
B. 产品验收质量标准

C. 产品图纸
D. 现有生产条件

二、判断题

1. 母材的类别号改变，必须重新进行焊接工艺评定。　　　　　　　（　　）

2. 焊接方法改变，必须重新进行焊接工艺评定。　　　　　　　　　（　　）

3. 焊接工艺卡应在焊接工艺评定之后编制。　　　　　　　　　　　（　　）

4. 一个工序只能由一个工步组成。　　　　　　　　　　　　　　　（　　）

5. 焊接工艺卡也称焊接工艺过程卡。　　　　　　　　　　　　　　（　　）

6. 焊接工艺规程（WPS）与焊接工艺指导书（WWI）的内容和作用是一样的。

（　　）

7. 焊接工艺评定进行的试验属于焊接性试验。　　　　　　　　　　（　　）

8. 改变热处理类别，须重新进行焊接工艺评定。　　　　　　　　　（　　）

9. 焊接工艺评定报告不直接指导生产，而是用于指导制定焊接工艺规程和焊接工艺卡。　　　　　　　　　　　　　　　　　　　　　　　　　　　　　　（　　）

10. 同一焊接工艺评定报告可作为几份焊接工艺卡的依据。　　　　　（　　）

三、简答题

1. Q345R/12 mm/对接焊缝/AW/SMAW/E5015 的焊接工艺评定在其他通用焊接工艺评定因素和专用焊接工艺评定因素中重要因素、补加因素不变的情况下能否覆盖 16MnDR/20 mm/对接焊缝/AW/SMAW/E5015-G 的焊接工艺？为什么？

2. 为以下焊接结构进行焊接工艺评定。

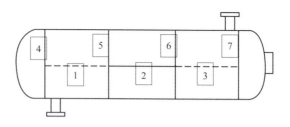

说明：（1）封头为20钢，筒体为Q345R，接管为Q235A，法兰为022Cr19Ni10。

（2）封头与筒体厚度为12 mm，接管厚度为8 mm，法兰厚度为6 mm。

3. $T = 18$ mm 的 Q345R 焊接工艺评定试件，分析经正火加回火处理后其覆盖焊件的厚度范围。

参考文献

［1］刘云龙. 焊工（初级、中级、高级）［M］. 北京：机械工业出版社，2015.

［2］Larry Jeffus. Welding Principles and Applications［M］. 北京：机械工业出版社，2015.

［3］钟翔山，钟礼耀. 实用焊接操作技法［M］. 北京：机械工业出版社，2013.

［4］中国就业培训技能指导中心. 焊工［M］. 北京：中国劳动社会保障出版社，2022.

［5］金杏英，周培植. 焊工（职业技能鉴定考核试题库）［M］. 北京：机械工业出版社，2017.

［6］唐燕玲 王志红. 焊工（技师 高级技师）［M］. 2 版. 北京：中国劳动社会保障出版社，2013.

［7］中国就业培训技术指导中心. 焊工（电焊工）［M］. 北京：机械工业出版社，2022.

［8］中船舰客教育科技（北京）有限公司. "1＋X"职业技能等级认证培训教材——特殊焊接技术（初级）［M］. 北京：高等教育出版社，2020.

［9］中船舰客教育科技（北京）有限公司. "1＋X"职业技能等级认证培训教材——特殊焊接技术（中级）［M］. 北京：高等教育出版社，2021.

［10］邱葭菲. 焊接方法与设备使用［M］. 北京：机械工业出版社，2013.

［11］宋金虎. 焊接方法与设备［M］. 北京：北京理工大学出版社，2021.

［12］侯勇. 焊条电弧焊［M］. 北京：机械工业出版社，2021.